KB032754

감리사
기출풀이

저자 서문

우리나라에서 어떤 자격이든 일정한 역할을 수행할 수 있는 권한을 국가로부터 부여받 았다는 것은 자신이 직업을 택하거나 활동함에 있어 큰 장점이 아닐 수 없습니다. 이미 우 리나라를 포함하여 글로벌하게 전통적인 IT시스템을 포함하여 스마트환경, 유비쿼터스 환 경으로 인한 컨버젼스 환경 등 IT에 대한 영역이 기하 급수적으로 증가하고 있습니다. 이 에 따라 IT시스템 구축 및 운영 등에 대한 제3자적 전문가 품질 체크활동이 중요해질 수 밖 에 없는 시대적인 환경이 되었고 우리나라에서는 이것을 수행할 수 있는 전문가를 수석감 리원, 감리원으로 법적으로 규정하여 매년 시험으로 관련전문가를 선발해 내고 있습니다.

수석감리원이 될 수 있는 정보시스템 감리사는 각종 IT시스템에 대해 권한을 가지고 감 리를 수행할 수 있는 자격으로서 의미가 큽니다. 자신이 수행해 왔던 전문성에 기반하여 다 양한 영역을 학습한 통찰력을 바탕으로 다른 사람이 수행하는 시스템에 대해서 진단과 평 가 및 개선점을 컨설팅을 수행 할 수 있습니다. 이는 자신의 전문가적 역량을 공식적인 권 한을 가지고 많은 프로젝트나 운영환경에서 적용할 수 있는 기회가 되기도 하면서 또 한편 으로 감리를 수행하는 당사자의 전문성을 더 넓히는 아주 좋은 기회가 되기도 합니다.

수석감리원이 되기 위한 두 가지 방법은 정보시스템감리사가 되거나 정보처리기술사가 되는 두 가지 방법이 있습니다. 두 개의 자격은 우리나라를 대표하는 최고의 자격이며 공고 롭게 이를 취득하기 위해 학습해야 하는 범위가 80%가 비슷하다고 할 수 있습니다. 따라서 감리사를 학습하다 기술사를 학습할 수 있고, 반대로 기술사를 학습하다가 감리사를 학습 하는 경우가 많이 있습니다.

어떤 자격시험이든 기출문제를 기반으로 학습을 해야 하는 것은 누구나 아는 사실일 것 입니다. 이 책은 정보시스템감리사를 취득하기위해 참조해야 하는 기출문제에 대해서 회차 별로 나온문제를 과목 및 주제별로 묶어내어 그 동안 출제되었던 기출문제를 통해 감리사 의 핵심 학습을 유도하는 책이라 할 수 있습니다.
주제별로 포도송이처럼 문제들이 묶여 있기 때문에 각 주제별로 출제된 문제의 유형을 파악하는데 용이하고 관련된 지식을 학습하여 학습하는 사람이 효율적으로 학습하도록 내 용을 구성하였습니다.

기출문제 풀이의 전문성을 높이기 위해 각 분야에서 가장 잘 이해하고 있는 감리사/기술 사가 문제를 풀고 관련지식을 정리하였기 때문에 학습을 하는 사람에게 많은 도움이 될 것 입니다.

이 책이 완성되는데 생각 보다 오랜 시간이 걸렸습니다. 많은 시간동안 관련분야 전문가 가 심혈을 기울여 집필한 만큼 학습하는 사람들에게 의미있게 다가가는 책이기를 바랍니 다. 이 책을 통해 학습하는 모든 분들에게 행복이 가득하시기를 바랍니다.

〈이춘식 정보시스템 감리사〉

국내 정보시스템 감리는 80년대 말 한국전산원(현 정보화진흥원)이 전산망 보급 확장과 이용촉진에 관한 법률에 의거하여 행정전산망 선투자 사업에 대한 사업비 정산을 위해 회계 및 기술 분야에 감리를 시행하게 되면서 시작되었습니다. 이후, 법적 제도적 발전을 통해 오늘의 정보시스템 감리사 제도로 발전하게 되었습니다.

현대 사회에서 정보시스템에 대한 비중은 날로 높아지고 있고, 정보시스템이 차지하는 중요성과 가치도 더욱 높아지고 있습니다. 정보시스템 감리사 제도가 공공 부문에만 의무화가 되어 있지만 정보시스템의 복잡성과 중요성이 인식되면서 일반 기업들도 감리의 중요성과 필요성을 점차 느끼고 있습니다. 앞으로 감리사의 역할과 비중이 더욱 높아질 것으로 예상됩니다.

정보시스템 감리사 시험은 다른 분야와 달리 폭넓은 경험과 고도의 전문 지식이 필요합니다. 감리사 시험을 준비하는 수험생 분들이 느끼는 어려운 점은 시험에 대한 정보 부족과 학습에 대한 부담입니다. 국내 IT분야의 현실을 고려할 때 매일 시간을 내어 공부하는 것이 어렵지만 어려운 현실에서도 감리사 합격을 위해 주경야독하는 분들을 위해 이 책을 집필하게 되었습니다. 많은 독자 분들이 이 책을 보고 "아하 이런 의미였네!" "이렇게 풀면 되는 구나!" 하는 느낌과 자신감을 얻고, 합격의 지름길을 빨리 찾을 수 있으면 좋겠습니다.

공부는 현재에 희망의 씨앗을 뿌리고 미래에 달성의 열매를 수확하는 것입니다. 이 책을 통해 어려운 현실에서도 현실에 안주하지 않고 보다 나은 자신의 미래를 위해 열심히 달려가는 독자 분들께 커다란 희망을 제공하고 싶습니다. 독자 분들의 인생을 바꿀 수 있는 진정한 가치 있는 책이 되길 희망합니다.

〈양회석 정보관리 기술사〉

개인적으로 2011년 초 필자가 주변에서 가장 많이 들었던 단어는 변화(Change)와 혁신(Innovation)이었습니다. 변화가 모든 이에게 필요할까라는 근본적인 의구심이 들기도 하고, 사람을 4개의 성격유형으로 나눌 때 변화를 싫어하는 안정형으로 강력하게 분류되는 필자에게 있어 변화는 그리 친숙한 개념은 아닙니다.

그러나, 독자와 필자가 경험하고 있듯이, 직장과 사회의 변화에 대한 강력한 메시지는 피할 수 없으며, 성공이라는 목표를 달성하기 위해서 개인이 변화해야 한다는 당위성에 의문을 갖기는 현실적으로 어렵지 않을까 싶습니다.

정보시스템감리사는 수석감리원의 신분이 법적으로 보장되며, 매년 40여명의 최종 합격자만을 엄선하는 전문 자격증으로, 정보기술업계에 있는 사람이라면 한번 쯤 도전해 보고 싶은 매력적인 자격증으로, 자격 취득이 자기계발이나 직업선택에 있어 변화의 동인(Motivation)과 기반이 되기에 충분하다고 필자는 생각합니다.

이 책은 수험자들이 자격취득을 위해 필요한 지식기반(Knowledge Base)의 폭과 깊이를 충분히 제공하기 위해 전문 강사들의 수년간 강의 경험을 집대성하여 작성되었으므로, 감리사 학습에 길잡이가 될 것이라 확신합니다.

특히, 년도별 단순 문제풀이 방식이 아닌, 주제 도메인별로 출제영역을 묶어 집필함으로써 정보시스템감리사 학습영역을 가시화하고 단순화하려는 노력을 하였으며, 주제에 대한 파생 개념에 대해서도 많은 내용을 담으려 노력하였습니다.

시장에서 우월한 경쟁력으로 급격하게 시장을 독점하여 성장하는 기술을 파괴적 기술(Disruptive Technology)이라고 부른다고 합니다. 그러한 혁신을 파괴적 혁신(Disruptive Innovation)이라고도 합니다. 이 책을 통해 독자들이 정보시스템감리사 지식도메인의 급격하고도 완전한 지식베이스(Disruptive Knowledge Base)를 형성할 수 있기를 필자는 희망하고 기대합니다.

마지막으로, 책 집필 기간 동안 퇴근 후 늦게까지 작업을 해야 했던 남편을 물심양면으로 지원해주고 이해해 준 노미현씨에게 깊이 감사하며, 많은 시간 함께하지 못한 아빠를 변함없이 좋아해주는 사랑스러운 은준이, 서안이, 여진이 삼남매에게 미안하고 사랑한다는 말을 전하고 싶습니다.

〈최석원 정보시스템감리사〉

정보시스템감리사 도전은 직장생활 10년 차인 저에게 전문성과 실력을 체크하고 한 단계 도약하기 위한 시험대였습니다.

그 동안 수행한 업무 영역 외의 전자정부의 추진방향과 각종 고시/지침/가이드, 프로젝트 관리방법, 하드웨어, 네트워크 등의 시스템 구조, 보안 등의 도메인을 학습하면서 필요에 따라 그때그때 습득하였던 지식의 조각들이 서로 결합되고 융합되는 즐거움을 느낄 수 있었습니다. 또한 업무를 수행할 때에도 학습한 지식들을 응용하여 보다 체계적이고 전문적인 의견을 제시할 수 있게 되었습니다.

그 때의 저처럼 정보시스템감리사라는 객관적인 공신력 확보로 한 단계 도약하고자 하는 사람들에게 시험합격이라는 단기적인 목표달성 외에 여기저기 흩어져 있던 지식들이 맥락을 찾고 뻗어 나가는 즐거움을 느낄 수 있었으면 하여 이 책을 준비하게 되었습니다.

시험을 준비할 때에는 기출문제 분석이 가장 중요합니다. 기출문제를 분석하다 보면 출제흐름 및 IT 변화도 느낄 수 있으며, 향후에 예상되는 문제도 만날 수가 있습니다. 이 책은 기출문제를 주제별로 재구성하여 출제 경향이 어떻게 변화해왔는지 향후 어떻게 변화할 지를 직접 느낄 수 있도록 하였습니다. 또한 한 문제의 정답과 간단한 풀이로 끝나는 것이 아니라 관련된 배경지식을 설명하여 보다 발전된 형태의 문제에 대해서도 해결능력을 키울 수 있도록 하였습니다.

〈김은정 정보시스템감리사〉

KPC ITPE를 통한 종합적인 공부 제언은

감리사 기출문제풀이집을 바탕으로 기출된 감리사 문제의 자세한 풀이를 공부하고, 추가 필수 참고자료는 국내 최대 기술사,감리사 커뮤니티인, 약 1만 여개의 지식 자료를 제공하는 KPC ITPE(http://cafe.naver.com/81th) 회원가입, 참조하시면, 감리사 합격의 확실한 종지부를 조기에 찍을 수 있는 효과를 거둘 것입니다.

[참고]
● 감리사 기출문제 풀이집을 구매하고, KPC ITPE에 등업 신청하시면, 감리사, 기술사 자료를 포함 약 10,000개 지식 자료를 회원 등급별로 무료로 제공하고 있습니다.

● 감리사 기출 문제 풀이집은 저술의 출처 및 참고 문헌을 모두 명기하였으나, 광범위한 영역으로 인해 일부 출처가 불분명한 자료가 있을 수 있으며, 이로 인한 출처 표기 누락된 부분을 발견, 연락 주시면, KPC ITPE에서 정정하겠습니다.

● 감리사 기출문제에 대한 이러닝 서비스는 http://itpe.co.kr를 통해서 2011년 7월에 서비스 예정입니다.

감리사 기출풀이

감리 및 사업관리 도메인 학습범위

①전자정부법 전자정부시행령	③정보화 관련법 / 제도	④조직 관리론	⑤프로젝트 관리 일반				⑭ 소프트웨어
②정보시스템 감리기준			⑥통합 관리	⑦범위 관리	⑧시간 관리	⑨원가 관리	
			⑩품질 관리	⑪리스크 관리	⑫인적자원 관리	⑬의사소통 관리	

감리관련 ←→ 사업관리 ←→

영 역	분 야	세부 출제 분야
K01.전자정부법/시행령	전자정부법	전자정부법, 전자정부법 시행령
K02.정보시스템 감리기준	정보시스템 감리기준	정보시스템 감리기준
K03.정보화 관련 법/제도	정보화 관련 법/제도	소프트웨어 기술성 평가 기준, 소프트웨어 사업대가의 기준, 전자정부 웹호환성 준수지침, 정보시스템 구축·운영 기술 지침 등
K04.조직관리론	조직관리론	조직화, 조직 구성, 동기유발 이론 등
K05.프로젝트 관리 일반	프로젝트 관리 일반	프로젝트, 프로젝트관리, 포트폴리오, PM, PMO 등
K06.통합관리	통합관리	소프트웨어 형상관리, 프로젝트 추적, 프로젝트 현장 개발, 통합 변경 통제 수행 등
K07.범위관리	범위관리	델파이 기법, 요구사항 수집, 작업분류체계(WBS) 작성, 범위 검증 등
K08.시간관리	시간관리	활동 기간 산정, 일정 개발 프로세스의 투입물, 도구 및 기법, 산출물
K09.원가관리	원가관리	원가관리계획, 원가 산정, 원가 통제 프로세스의 투입물, 도구 및 기법, 산출물
K10.품질관리	품질관리	소프트웨어 품질보증 활동, Inspection, 품질계획 수립, 품질 통제 등
K11.리스크관리	리스크관리	리스크 식별, 정성적 리스크 분석 수행, 정량적 리스크 분석 수행, 리스크 대응 계획수립 등
K12.인적자원관리	인적자원관리	프로젝트 팀 개발, 프로젝트 팀 관리 프로세스의 투입물, 도구 및 기법, 산출물
K13.의사소통관리	의사소통관리 및 조달관리	의사소통 계획수립, 성과보고 프로세스의 투입물, 도구 및 기법, 산출물, 조달관리 프로세스
K14.소프트웨어	소프트웨어	ISO9126, 소프트웨어 개발 방법론, 문서화 프로세스 표준, 소프트웨어 규모 측정방식 등

시험출제 요약정리

1) 전자정부법 제57조(행정기관등의 정보시스템 감리)

1-1) 정보시스템 감리 대상

구 분	대상 기준
정보 시스템 특성	1. 대국민 서비스를 위한 행정업무 또는 민원업무 처리용으로 사용하는 경우 2. 여러 행정기관 등이 공동으로 구축하거나 사용하는 경우 ※ 총 사업비 1억 원 미만의 소규모 사업으로서 비용대비 효과가 낮다고 인정하는 경우는 제외
사업비 규모	정보시스템 구축사업으로서 사업비가 5억 원 이상인 경우 ※ 총 사업비 중에서 하드웨어 · 소프트웨어의 단순한 구입비용을 제외한 금액
행정기관 장의 필요성 판단	정보기술아키텍처 또는 정보화전략계획 수립, 정보시스템 개발 또는 운영 등을 위한 사업으로서 정보시스템 감리의 시행이 필요하다고 해당 행정기관의 장이 인정하는 경우

1-2) 정보시스템 감리 예외 대상
국가안전보장에 관한 정보 등을 취급하는 기관의 경우에는 그 기관의 장이 정하는 기관으로 하여금 정보시스템 감리를 하게 할 수 있다.
1. 국방 · 외교 · 안보 등 국가 안전보장에 관련된 정보
2. 사생활보호와 관련된 개인정보
3. 그 밖에 기밀유지 또는 공신력확보의 필요성이 높다고 공공기관의 장이 인정하는 정보
단, 감리법인 등록기준에 따른 기술능력 및 재정능력을 갖춘 기관으로 정하여야 함

1-3) 감리법인의 업무범위
1. 사업 수행계획의 계약내용 반영 여부, 일정 및 산출물 작성계획의 적정성 여부 검토 · 확인
2. 과업범위 및 요구사항의 설계 반영 및 구체화 여부 검토 · 확인
3. 과업 이행 여부 점검
4. 관련 법령 등, 규정 및 지침 등의 준수 여부에 대한 검토 · 확인

5. 그 밖에 법 제57조 제5항에 따른 감리기준에서 정하는 사항

1-4) 감리업무 수행 절차
    1. 감리계약의 체결
    2. 예비조사 실시 및 감리계획 수립
    3. 감리 착수회의 실시
    4. 감리 시행 및 감리보고서의 작성
    5. 감리 종료회의 실시
    6. 감리보고서의 통보
    7. 감리에 따른 시정 조치 결과의 확인 및 통보

2) 전자정부법 제58조 (감리법인의 등록)
    - 기술능력 · 재정능력 그 밖에 정보시스템 감리의 수행에 필요한 사항을 갖추어 행정안전부장관에게 등록해야 함
    - 등록사항을 변경할 때에는 그 변경사항을 미리 행정안전부장관에게 신고해야 함. 다만, 등록기준의 범위 내의 자본금 변동 등 대통령령으로 정하는 경미한 사항의 변경은 그러하지 아니함

구 분	기 준	비 고
기술능력	상근감리원 5인 이상 (수석감리원 1인 이상 포함)	2개 이상의 감리법인에 소속되지 않은 상근감리원이어야 함
재정능력	자본금 1억 원 이상	
결격사유	1. 금치산자 또는 한정치산자 2. 법에 의한 제재사항으로 등록이 취소된 감리법인의 임원으로서 등록이 취소된 날부터 2년이 경과하지 아니한 자(등록 취소의 원인이 된 행위를 한 자와 그 대표자를 말함)	부실감리 행위 또는 위반행위로 인해 제재를 받은 경우, 2년 내에는 감리법인 설립에 임원으로 참여할 수 없음

3) 전자정부법 제62조 (감리법인의 등록취소 등)
    - 감리법인이 다음 각 호의 어느 하나에 해당할 때에는 등록을 취소하거나 1년 이내의 기간을 정하여 업무의 정지를 명할 수 있다.

위반행위	처분기준		
	1차	2차	3차이상
가. 거짓이나 그 밖의 부정한 방법으로 등록을 한 경우	등록취소		
나. 최근 3년간 3회 이상 업무정지처분을 받은 경우	등록취소		
다. 업무정지기간 중 정보시스템 감리를 한 경우(법 제63조에 따라 업무정지기간 중에 정보시스템 감리업무를 한 경우는 제외한다)	등록취소		

위반행위	처분기준		
	1차	2차	3차이상
라. 감리기준을 지키지 아니하고 감리업무를 수행한 경우	경고	업무정지 1개월	업무정지 2개월
마. 감리법인의 등록기준에 미달된 경우	경고	업무정지 1개월	등록취소
바. 변경 사항을 신고하지 아니하거나 거짓으로 한 경우 　1) 감리법인 등록기준 외의 변경사항을 신고하지 아니한 경우	경고	경고	업무정지 10일
2) 감리법인 등록기준에 해당하는 변경사항을 신고하지 아니한 경우	경고	업무정지 10일	업무정지 1개월
3) 거짓으로 변경신고를 한 경우	업무정지 1개월	업무정지 2개월	업무정지 3개월
사. 감리원이 아닌 사람에게 감리업무를 수행하게 한 경우	업무정지 6개월	업무정지 9개월	
아. 거짓으로 감리보고서를 작성한 경우	경고	업무정지 2개월	업무정지 3개월
자. 다른 사람에게 자기의 명칭을 사용하게 하여 정보시스템 감리를 하게 한 경우	업무정지 6개월	업무정지 9개월	
차. 임원이 법 제61조제1항에 따른 결격사유에 해당되는 경우(결격사유에 해당된 날부터 6개월 이내에 그 임원을 다른 자로 임명하는 경우는 제외한다)	등록취소		

기출문제 풀이

『정보시스템의 효율적 도입 및 운영 등에 관한 법률』시행령 제12조에서 규정하고 있는 감리업무의 절차가 순서대로 나열된 것은?

> 가. 감리계약의 체결
> 나. 감리 착수회의 실시
> 다. 감리 조치 결과의 확인 및 통보
> 라. 감리 종료회의 실시
> 마. 감리시행 및 감리보고서의 작성
> 바. 감리계획의 수립
> 사. 감리보고서의 통보

① 가-바-나-마-사-다-라
② 가-바-나-마-라-사-다
③ 바-가-나-마-사-라-다
④ 바-가-나-마-다-라-사

● 해설 : ②번

법률로써 감리업무 수행절차를 명시하고 있음.

● 관련지식 •••

• 전자정부법 제57조(행정기관등의 정보시스템 감리)
• 감리업무 수행 절차
  1. 감리계약의 체결
  2. 예비조사 실시 및 감리계획 수립
  3. 감리 착수회의 실시
  4. 감리 시행 및 감리보고서의 작성
  5. 감리 종료회의 실시
  6. 감리보고서의 통보
  7. 감리에 따른 시정 조치 결과의 확인 및 통보

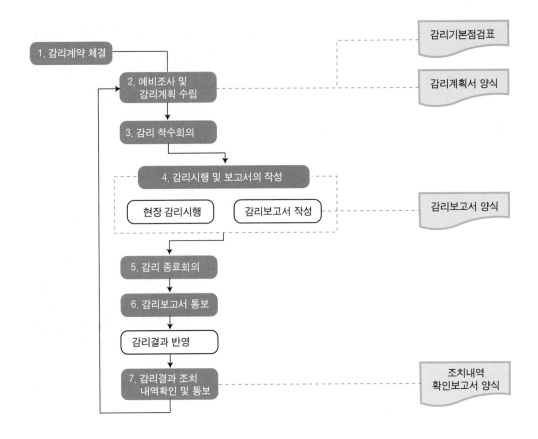

『정보시스템의 효율적 도입 및 운영 등에 관한 법률』에 따르면, 정보시스템의 특성 또는 사업의 규모가 일정기준에 해당하는 경우, 공공부문의 정보시스템 감리를 의무화하고 있다. 이에 시행령 제11조 1항에서 규정하고 있는 감리 실시대상 정보시스템 특성 기준에 맞는 것은? (2개 선택)

① 대국민 서비스를 위한 행정업무 또는 민원업무 처리용으로 사용하는 경우
② 국방 · 외교 · 안보 등 국가안전보장과 관련된 경우
③ 다수의 공공기관이 공동으로 구축 또는 사용하는 경우
④ 사생활 보호와 관련된 경우

● 해설 : ①, ③번

정보시스템의 특성 및 사업 규모 등이 일정기준에 해당하더라도 국가안전보장에 관한 정보 룰 취급하는 기관의 경우 감리법인이 아닌 그 기관의 장이 정하는 기관으로 하여금 정보시스템 감리를 하게 할 수 있다.

● 관련지식

∙ 전자정부법 제57조(행정기관등의 정보시스템 감리)
  ① 행정기관등의 장은 정보시스템의 특성 및 사업 규모 등이 대통령령으로 정하는 기준에 해당하는 정보시스템에 대하여 제58조제1항에 따른 감리법인으로 하여금 정보시스템 감리를 하게 하여야 한다.

구 분	대상 기준
정보 시스템 특성	1. 대국민 서비스를 위한 행정업무 또는 민원업무 처리용으로 사용하는 경우 2. 여러 행정기관 등이 공동으로 구축하거나 사용하는 경우 ※ 총 사업비 1억 원 미만의 소규모 사업으로서 비용대비 효과가 낮다고 인정하는 경우는 제외
사업비 규모	정보시스템 구축사업으로서 사업비가 5억 원 이상인 경우 ※ 총 사업비 중에서 하드웨어 · 소프트웨어의 단순한 구입비용을 제외한 금액
행정기관 장의 필요성 판단	정보기술아키텍처 또는 정보화전략계획 수립, 정보시스템 개발 또는 운영 등을 위한 사업으로서 정보시스템 감리의 시행이 필요하다고 해당 행정기관의 장이 인정하는 경우

  ④ 제1항에도 불구하고 국가안전보장에 관한 정보 등 대통령령으로 정하는 정보를 취급하는 기관의 경우에는 그 기관의 장이 정하는 기관으로 하여금 정보시스템 감리를 하게 할 수 있다.
   1. 국방 · 외교 · 안보 등 국가 안전보장에 관련된 정보
   2. 사생활보호와 관련된 개인정보
   3. 그 밖에 기밀유지 또는 공신력확보의 필요성이 높다고 공공기관의 장이 인정하는 정보
     단, 감리법인 등록기준에 따른 기술능력 및 재정능력을 갖춘 기관으로 정하여야 함

2007년 8번

『정보시스템의 효율적 도입 및 운영 등에 관한 법률』시행령 제12조에서 정하고 있는 감리법인
의 업무 범위가 아닌 것은?

① 사업 목표의 달성 및 요구사항의 충족에 대한 검토 · 확인
② 감리대상 사업의 추진 타당성 및 사업비용의 적정성
③ 감리 분야별 정보시스템의 구축 활동 및 산출물 품질에 대한 검토 · 확인
④ 정보시스템의 효율성 및 안전성 검토 등에 관하여 감리기준에서 정하는 사항의 검토

● 해설 : ②번

정보시스템 감리는 정보화 사업을 추진함에 있어서 관리적/기술적 위험요인을 조기에 발견하여
개선하여 정보화 사업의 실패를 미연에 방지하고자 한 것으로 사업의 추진 타당성 및 사업비용
의 적정성을 검토하지 않음

● 관련지식 ···

• 전자정부법 제57조(행정기관등의 정보시스템 감리)
• 감리법인의 업무범위
  1. 사업 수행계획의 계약내용 반영 여부, 일정 및 산출물 작성계획의 적정성 여부 검토 · 확인
  2. 과업범위 및 요구사항의 설계 반영 및 구체화 여부 검토 · 확인
  3. 과업 이행 여부 점검
  4. 관련 법령 등, 규정 및 지침 등의 준수 여부에 대한 검토 · 확인
  5. 그 밖에 법 제57조 제5항에 따른 감리기준에서 정하는 사항

『정보시스템의 효율적 도입 및 운영 등에 관한 법률 시행규칙』 별표 2에서 규정하고 있는 감리법인에 대한 행정처분기준의 설명 중 <u>틀린 것은?</u>

① 감리계획서에 명시된 기일에 착수하지 않은 경우 감리기준 미준수로 업무정지 2개월 처분대상이다.
② 발견된 문제에 대해서 거짓으로 감리보고서를 작성한 경우에는 업무정지 3개월 처분대상이다.
③ 최근 3년간 3회 이상 업무정치 저분을 받은 경우에는 등록취소 처분대상이다.
④ 다른 자에게 자기의 명칭을 사용하게 하여 정보시스템 감리를 하게 한 경우에는 업무정지 3개월 처분대상이다.

● 해설 : ④번

기존 『정보시스템의 효율적 도입 및 운영 등에 관한 법률 시행규칙』에 따르면 다른 자에게 자기의 명칭을 사용하게 하여 정보시스템 감리를 하게 한 경우 → 업무정지 6개월의 행정처분 대상임

● 관련지식 •

• 전자정부법 제62조(감리법인의 등록취소 등)
감리법인이 다음 각 호의 어느 하나에 해당할 때에는 등록을 취소하거나 1년 이내의 기간을 정하여 업무의 정지를 명할 수 있다.

위반행위	처분기준		
	1차	2차	3차이상
가. 거짓이나 그 밖의 부정한 방법으로 등록을 한 경우	등록취소		
나. 최근 3년간 3회 이상 업무정지처분을 받은 경우	등록취소		
다. 업무정지기간 중 정보시스템 감리를 한 경우(법 제63조에 따라 업무정지기간 중에 정보시스템 감리업무를 한 경우는 제외한다)	등록취소		
라. 감리기준을 지키지 아니하고 감리업무를 수행한 경우	경고	업무정지 1개월	업무정지 2개월
마. 감리법인의 등록기준에 미달된 경우	경고	업무정지 1개월	등록취소

위반행위	처분기준		
	1차	2차	3차이상
바. 변경 사항을 신고하지 아니하거나 거짓으로 한 경우 1) 감리법인 등록기준 외의 변경사항을 신고하지 아니한 경우	경고	경고	업무정지 10일
2) 감리법인 등록기준에 해당하는 변경사항을 신고하지 아니한 경우	경고	업무정지 10일	업무정지 1개월
3) 거짓으로 변경신고를 한 경우	업무정지 1개월	업무정지 2개월	업무정지 3개월
사. 감리원이 아닌 사람에게 감리업무를 수행하게 한 경우	업무정지 6개월	업무정지 9개월	
아. 거짓으로 감리보고서를 작성한 경우	경고	업무정지 2개월	업무정지 3개월
자. 다른 사람에게 자기의 명칭을 사용하게 하여 정보시스템 감리를 하게 한 경우	업무정지 6개월	업무정지 9개월	
차. 임원이 법 제61조제1항에 따른 결격사유에 해당되는 경우(결격사유에 해당된 날부터 6개월 이내에 그 임원을 다른 자로 임명하는 경우는 제외한다)	등록취소		

- **전자정부법 제63조(등록취소처분 등을 받은 감리법인의 업무계속)**
  ① 등록취소처분이나 업무정지처분을 받은 감리법인은 그 처분 전에 체결한 계약에 따른 감리업무를 계속 수행할 수 있다. 이 경우 감리법인은 그 처분내용을 지체 없이 해당 감리발주자에게 알려야 한다.
  ② 정보시스템 감리발주자는 제1항에 따른 통지를 받거나 감리법인이 등록취소처분이나 업무정지처분을 받은 사실을 알았을 때에는 특별한 사유가 있는 경우를 제외하고는 그 사실을 안 날부터 30일 이내에만 그 계약을 해지 할 수 있다.

『정보시스템의 효율적 도입 및 운영 등에 관한 법률』(시행령, 시행규칙 포함), 정보시스템 감리기준과 관련된 내용 중 맞는 것은? (2개 선택)

① 정보시스템 구축 사업으로서 사업비(총사업비 중에서 하드웨어 · 소프트웨의 단순한 구입 비용을 제외한 금액)가 5억원 이상인 경우에는 정보시스템 감리대상 사업에 포함된다.
② 감리법인을 등록하려고 할 경우 감리원 5인 이상을 확보하여야 하며, 그중 1/2이상은 수석감리원이어야 한다.
③ 정보시스템 감리기준에서 '총괄감리원'이라 함은 상근감리원 중 수석감리원으로서 당해 감리에 투입되는 감리원의 의견 조정 등 감리 업무를 지휘하는 자를 말한다.
④ 개선권고사항별 개선권고유형 중 '권고'는 감리의 대상 범위를 벗어나지 않지만 발생가능성이 매우 낮은 문제점일 경우를 말한다.

● **해설 : ①, ③번**

　② 감리법인을 등록하려고 할 경우 감리원 5인 이상을 확보하여야 하며, 그 중 1명 이상은 수석감리원이어야 함
　④ 개선권고사항별 개선권고유형 중 '권고'는 감리의 대상범위를 벗어나지만 사업목표 달성에 도움이 되는 사항을 말함

● **관련지식** ●

• 전자정부법 제58조(감리법인의 등록)
　– 기술능력 · 재정능력 그 밖에 정보시스템 감리의 수행에 필요한 사항을 갖추어 행정안전부장관에게 등록해야 함
　– 등록사항을 변경할 때에는 그 변경사항을 미리 행정안전부장관에게 신고해야 함. 다만, 등록기준의 범위 내의 자본금 변동 등 대통령령으로 정하는 경미한 사항의 변경은 그러하지 아니함

구 분	기　　준	비 고
기술능력	상근감리원 5인 이상 (수석감리원 1인 이상 포함)	2개 이상의 감리법인에 소속되지 않은 상근감리원이어야 함
재정능력	자본금 1억원 이상	
결격사유	1. 금치산자 또는 한정치산자 2. 법에 의한 제재사항으로 등록이 취소된 감리법인의 임원으로서 등록이 취소된 날부터 2년이 경과하지 아니한 자(등록취소의 원인이 된 행위를 한 자와 그 대표자를 말함)	부실감리 행위 또는 위반행위로 인해 제재를 받은 경우, 2년 내에는 감리법인 설립에 임원으로 참여할 수 없음

- 전자정부법 제59조(감리법인의 준수사항)
  - 감리법인은 감리원으로 하여금 감리업무를 수행하게 함
  - 감리법인은 거짓으로 감리보고서를 작성하여서는 아니되며, 신의에 따라 성실히 정보시스템 감리를 수행해야 함
  - 감리법인은 다른 자에게 자기의 명칭을 사용하여 정보시스템 감리를 하도록 하여서는 안됨

K02. 정보시스템 감리기준

▌시험출제 요약정리 ▌

1) 정보시스템 감리기준

1-1) 정보시스템 감리란

감리 발주기관 및 피감리인의 이해관계로부터 독립된 자가 정보시스템의 효율성을 향상시키고 안전성을 확보하기 위하여 제3자적 관점에서 정보시스템의 구축 및 운영에 관한 사항을 종합적으로 점검하고 문제점을 개선하도록 하는 것

1-2) 감리절차

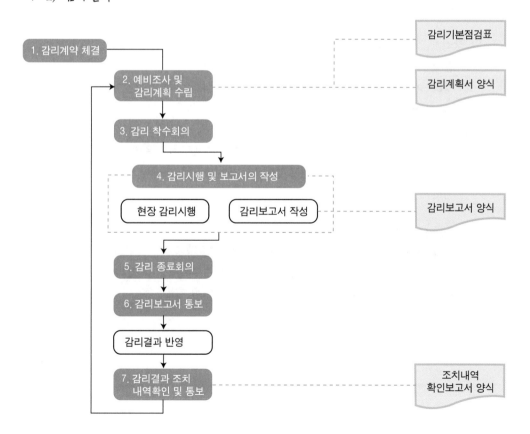

1-3) 감리계약 체결 - 감리계약에 포함될 사항
   1. 감리대상 사업명
   2. 감리계약 목적
   3. 감리대상 기간
   4. 감리대상 범위
   5. 회차별 감리시행 기간 및 투입인력 공수
   6. 감리법인, 발주기관 및 피감리인의 권리와 의무, 보안에 관한 사항
   7. 감리대가 산정 및 지급에 관한 사항
   8. 기타 감리업무 수행에 필요한 사항

1-4) 감리계획 수립 - 감리계획서에 포함될 사항
   1. 감리대상사업명 및 감리의 목적
   2. 감리대상 범위
   3. 감리일정
   4. 총괄감리원 및 투입 감리원 편성
   5. 감리영역 및 상세점검항목
   6. 감리 수행 시 적용할 관련 기준, 표준 및 지침 등의 목록

1-5) 감리보고서 작성 - 감리보고서에 포함될 사항
   1. 총괄감리원 및 투입 감리원 목록 및 서명
   2. 감리 착수회의를 통하여 최종 확정된 감리계획
   3. 감리대상 사업의 개요
   4. 감리영역별 종합의견 및 평가
   5. 감리영역별 개선권고사항 및 개선권고사항별 개선권고유형과 중요도
   6. 감리영역별 상세점검항목 검토결과 및 세부 개선권고사항 내용
   7. 기타 권고사항

1-6) 이해 당사자별 업무 관계
   감리의 이해당사자는 크게 감리용역을 발주하는 공공기관, 관리업무를 수행하는 감리법인,, 감리를 수감하는 사업자(피감리인)으로 구분할 수 있다. 정보시스템 감리기준에서 규정하고 있는 감리절차를 도식하면 다음과 같다.

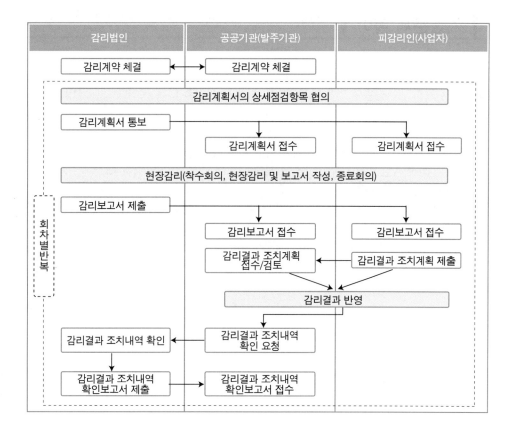

2) 정보시스템 감리점검프레임워크

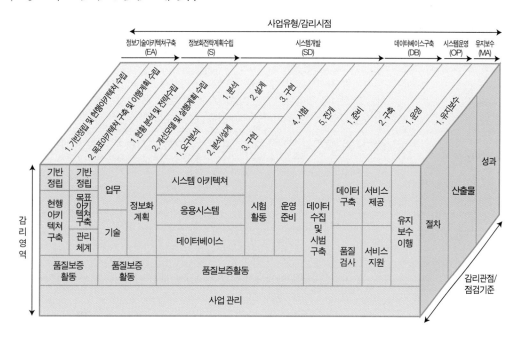

정보시스템 감리기준(정통부고시 제2006-42호)에서 정의된 다음 용어에 대한 설명 중 틀린 것은?

① 감리 발주기관이라 함은 정보시스템 감리를 요청하는 기관을 말한다.
② 피감리인이라 함은 발주기관의 요청에 의해 감리의 대상이 되는 정보 시스템을 계획 · 구축 · 운영하는 자를 말한다.
③ 감리법인이라 함은 감리업무를 수행하기 위하여 한국정보사회진흥원에 등록한 법인을 말한다.
④ 상근감리원이라 함은 감리원 중 동시에 2개 이상의 감리법인에 소속되지 아니하며, 해당 감리법인에 상시 근무하는 자를 말한다.

● 해설 : ③번

감리법인은 감리업무를 수행하기 위하여 행정안전부장관(업무를 위탁한 때에는 위탁업무수행기관장)에게 등록한 법인을 말함

● 관련지식 ●

• 정보시스템 감리와 관련한 용어 정의

용 어	용어 의미
감리	– 감리 발주기관 및 피감리인의 이해관계로부터 독립된 자가 정보시스템의 효율성을 향상시키고 안전성을 확보하기 위하여 제3자적 관점에서 정보시스템의 구축 및 운영에 관한 사항을 종합적으로 점검하고 문제점을 개선하도록 하는 것
감리법인	– 행정안전부장관(업무를 위탁한 때에는 위탁업무수행기관장)에게 등록한 법인 – 법 제57조제4항에 따라 감리를 수행하는 기관
발주기관	– 정보시스템 감리를 요청하는 공공기관
피감리인	– 발주기관의 요청에 의해 감리의 대상이 되는 정보시스템을 계획 · 구축 · 운영하는 자
감리원	– 위탁업무수행기관장에게 감리원증을 교부받은 자
상근감리원	– 동시에 2개 이상의 감리법인에 소속되지 아니하며, 해당 감리법인에 상시 근무하는 감리원

용 어	용어 의미
총괄감리원	- 상근감리원 증 수석감리원으로 당해 감리에 투입되는 감리원의 의견조정 등 감리업무를 지휘하는 자
감리교육	- 감리원이 감리업무의 수행을 위하여 받아야 하는 감리이론 과목과 감리실습 과목 등에 대한 교육을 말함
감리이론 과목	- 감리교육 중 감리기준, 감리기법 등 감리 이론에 관한 교육 과목
감리실습 과목	- 감리이론 과목을 이수한 후 받아야 하는 감리시행 및 보고서 작성 방법 등에 관한 교육 과목
감리 교육기관	- 행정안전부장관의 위탁을 받아 감리교육을 실시하는 기관
위탁업무 수행기관	- 행정안전부장관의 위탁을 받아 감리법인의 등록 및 변경신고의 수리, 감리원증의 발급 및 관리, 감리제도의 연구 및 개선에 관한 업무를 수행하는 기관을 말함. 업무를 위탁하지 않았을 때에는 행정안전부장관을 말함

정보시스템 감리기준(정통부고시 제2006-42호) 제8조의 규정에 따라 감리보고서에 반드시 포함해야 할 사항이 올바르게 묶인 것은?

> 가. 감리업무 수행일지
> 나. 감리계획
> 다. 감리대상 사업의 개요
> 라. 감리결과 조치내역 확인 결과
> 마. 감리영역별 종합의견 및 평가
> 바. 감리영역별 개선권고사항

① 가-나-다-바
② 나-다-마-바
③ 나-다-라-마
④ 가-나-마-바

● 해설 : ②번

"가. 감리업무 수행일지"는 감리보고서에 반드시 포함해야 할 사항은 아니며, 현장 감리 수행 동안 필요 시 작성할 수 있음

"라. 감리결과 조치내역 확인 결과"는 감리결과 조치내역 확인 보고서에 반드시 포함해야 될 사항으로 개선권고사항에 대한 조치현황 및 검토의견을 포함하고 있음

● 관련지식 ••

• 감리보고서 작성 – 감리보고서에 반드시 포함해야 할 사항
  1. 총괄감리원 및 투입 감리원 목록 및 서명
  2. 감리 착수회의를 통하여 최종 확정된 감리계획
  3. 감리대상 사업의 개요
  4. 감리영역별 종합의견 및 평가
  5. 감리영역별 개선권고사항 및 개선권고사항별 개선권고유형과 중요도
  6. 감리영역별 상세점검항목 검토결과 및 세부 개선권고사항 내용
  7. 기타 권고사항

감리원이 사업관리 영역을 점검한 결과 사업의 성공적인 완수에 중대한 문제점이 발견되었고, 사업추진 전략이나 계획된 자원의 정비가 선행되어야만 사업목표의 달성이 가능한 상태임이 판명되었다. 정보시스템 감리기준 제8조에 따르면 이 영역의 평가는 무엇인가?

① 적정   ② 보통   ③ 미흡   ④ 부적정

● 해설 : ③번

　사업의 성공적인 완수에 중대한 문제점이 발견되었고, 사업추진 전략이나 계획된 자원의 정비가 선행되어야만 사업목표 달성이 가능한 상태는 미흡 평가임

● 관련지식 ●

• 감리보고서 작성 – 감리영역별 평가
　– 감리원이 발견한 문제점이 사업에 미치는 영향도, 사업목표의 달성 정도 등을 토대로 4단계 (적정/보통미흡/부적정)로 구분하여 작성함.
　– 감리영역별 평가는 가능한 한 객관적인 입증 자료를 토대로 작성하는 것이 바람직하며, 특히 미흡 또는 부적정 의견을 제시하는 경우에는 그 사유를 "종합의견"에 명확히 밝혀야 함

평가단계	작성기준
적정	사업의 성공적인 완수에 영향을 미칠 수 있는 문제점이 발견되지 않았으며, 사업목표 달성이 충분한 상태
보통	사업의 성공적인 완수에 영향을 미칠 수 있는 문제점이 발견되었으나 사업 추진전략이나 계획된 자원 내에서 개선할 수 있어 사업목표 달성이 가능한 상태
미흡	사업의 성공적인 완수에 영향을 미칠 수 있는 중대한 문제점이 발견되었고, 사업 추진전략이나 계획된 자원의 정비가 선행되어야만 사업목표 달성이 가능한 상태
부적정	사업의 성공적인 완수에 영향을 미칠 수 있는 중대한 문제점이 발견되었고, 사업 추진전략이나 계획된 자원 내에서 개선할 수 없어 사업목표 달성이 불가능한 상태

다음은 정보시스템 감리기준 정통부고시 제2006-42호) 제8조 감리보고서 작성 관련사항이다. 현장 감리시행에서 발견된 문제점 중 해당 사업의 목표를 달성하기 위해서는 반드시 개선해야 할 사항이라고 판단되는 경우 감리보고서 작성시 다음 중 어떤 개선권고유형을 제시해야 하는가?

① 긴급   ② 필수   ③ 협의   ④ 권고

● 해설 : ②번

감리시행에서 발견된 문제점을 개선 필요성과 과업 범위여부에 따라 3가지(필수/협의/권고)로 구분하는데 사업목표를 달성하기 위하여 반드시 개선해야 할 사항은 필수 개선 권고사항임.

● 관련지식 •••

• 감리보고서 작성 - 감리영역별 개선권고사항

개선권고사항	개선 권고유형[1]	개선시점[2]	중요도[3]	발주기관 협조필요 [4]
《 [감리영역 1] 》				
(1) [개선권고사항 제목 1]	필수	장기	O	O
(2) [개선권고사항 제목 2]	협의	단기		
…				
《 [감리영역 2] 》				
(1) …				

1) 개선권고유형
 - 감리영역 내에서 개별적으로 지적되는 개선권고사항별 개선권고유형은 필수적인 개선필요성 여부와 과업범위 여부 등에 따라서 3가지(필수/협의/권고)로 구분됨.
 - 필수개선과 협의개선 모두 발견된 문제의 중요도와 별개로 결정되며, 개선권고유형은 추후 감리결과 조치내역 확인 대상여부가 결정됨.
 - 또한, 개선권고유형은 발주기관, 감리법인, 사업자 간의 협의에 의해서 조정되는 대상이 아니라, 기준에 따라 작성되어야 하는 사항임.

개선권고유형	작성기준
필수	발견된 문제점 중 사업목표를 달성하기 위하여 반드시 개선해야 할 사항

개선권고유형	작성기준
협의	발견된 문제점 또는 발생 가능성이 큰 문제점 중 발주기관과 피감리인이 상호 협의를 거쳐 반영 여부를 결정할 수 있는 사항 단, 협의개선 사항도 반영(개선)하기로 결정되면, 반드시 반영하여야 함.
권고	감리의 대상범위를 벗어나지만 사업목표 달성에 도움이 되는 사항

2) 개선시점

개선시점	작성기준
장기	장기적인 관점에서 지속적으로 개선해야 하는 사항
단기	감리대상 사업의 해당 구축단계 종료 이전에 개선해야 하는 사항

3) 중요도
- 개선권고유형 중 "필수"와 "협의" 개선인 경우 사업목표 달성에 중대한 영향을 미칠 수 있는 중대한 사항인 경우에 "중요" 로 구분하여 표시
- (개선권고유형과 중요는 독립적. 필수일 경우 반드시 중요로 구분되지는 않음)

4) 발주기관 협조필요
- 해당 개선권고사항의 개선을 위해서는 발주기관의 협조(참여 또는 의사결정 등)가 특별히 필요한 사항에 대해서 표시

'정보시스템 감리기준'에 대한 내용 중 올바른 것들로 묶인 것은?

> 가. 감리영역별 평가에서 '적정'은 사업의 성공적인 완수에 영향을 미칠 수 있는 문제점이 발견되었으나 사업목표 달성이 충분한 상태이다.
> 나. 감리영역별 평가에서 '보통'은 사업의 성공적 완수에 영향을 미칠 수 있는 문제점이 발견되었으나 사업추진 전략이나 계획된 자원 내에서 개선할 수 있어 사업목표달성이 가능한 상태이다.
> 다. 개선권고사항별 개선권고유형으로 '협의'는 발견된 문제점 또는 발생가능성이 큰 문제점 중 발주기관과 감리인이 상호협의를 거쳐 반영여부를 결정할 수 있는 사항이다.
> 라. 개선권고사항별 개선권고유형으로 '권고'는 감리의 대상범위를 벗어나지만 사업목표 달성에 도움이 되는 사항이다.

① 가, 다　　　② 가, 라　　　③ 나, 다　　　④ 나, 라

● 해설 : ④번

> 가. 감리영역별 평가에서 '적정'은 사업의 성공적인 완수에 영향을 미칠 수 있는 문제점이 발견되지 않았으며, 사업목표 달성이 충분한 상태
> 다. 개선권고사항별 개선권고유형으로 '협의'는 발견된 문제점 또는 발생 가능성이 큰 문제점 중 발주기관과 피감리인이 상호 협의를 거쳐 반영 여부를 결정할 수 있는 사항이다.

정보시스템 감리기준에 따른 감리원 투입공수 및 감리대가 산정에 관한 다음 설명 중에서 **틀린** 것은?

① 감리원 투입공수는 감리대상사업의 특성, 사업기간 등을 고려하여 조정될 수 있다.
② "소프트웨어사업대가의 기준"에 규정된 "투입인력의 수와 기간에 의한 소프트웨어 개발비 산정방법"에 따라 감리대가를 산정할 수 있다.
③ 감리원 투입일수에는 감리계획수립, 감리조치결과 확인에 필요한 투입 일수가 포함된다.
④ 감리대상사업비는 감리대상사업의 계약금액을 기준으로 산출한다.

● **해설 : ④번**

감리대상 사업비는 "소프트웨어사업대가의 기준" 비용 중 감리의 대상이 되는 비용의 예정가격을 다음의 비율로 곱하고 합산하여 산정
 – 시스템운용환경 구축비: 0.456
 – 소프트웨어 개발비: 1.0

예제) 감리대상 사업의 예정가격이 다음과 같이 구성되었을 경우 감리대상 사업비는?
 시스템운용환경 구축비 10억, 소프트웨어개발비 30억
 감리대상 사업비 = 10억 * 0.456 + 30억 * 1.0 = 34.56억원

● **관련지식** •

• **감리계약 체결**
 – 감리법인은 감리대상사업 또는 피감리인에 대한 독립성을 확보하여야 하며, 피감리인(사업자)과 계약을 체결하면 안 됨
 – 감리계약을 체결하고자 하는 경우에는 『국가를 당사자로 하는 계약에 관한 법률시행령』에 따라 "협상에 의한 계약체결 방법"을 우선 적용할 수 있음
 – 발주기관은 특별한 사유가 없는 한, 감리대상 사업의 계약이 완료된 이후 바로 감리계약 추진

• **감리계약 체결 – 감리계약에 포함될 사항**
 1. 감리대상 사업명
 2. 감리계약 목적
 3. 감리대상 기간
 4. 감리대상 범위

5. 회차별 감리시행 기간 및 투입인력 공수
6. 감리법인, 발주기관 및 피감리인의 권리와 의무, 보안에 관한 사항
7. 감리대가 산정 및 지급에 관한 사항
8. 기타 감리업무 수행에 필요한 사항

- **감리계약 체결 – 감리시행 기간 및 투입공수**
  - 감리시행 기간 및 투입공수는 감리대상 사업비 규모별 감리원 배치기준을 참조하여 사업의 특성에 맞도록 발주기관 및 감리법인이 협의하여 결정함
  - 투입되는 전체 감리원 중 2분의 1 이상이 당해 감리법인의 상근감리원이어야 함
  - 공동계약을 체결하는 경우에는 공동수급체에 참여하는 감리법인이 투입하는 상근감리원 수가 전체 감리원 중 2분의 1 이상이 되어야 함
  - 공동계약(컨소시엄)을 체결하는 경우, 출자비율 또는 분담내용이 가장 큰 자가 공동수급체의 대표가 되어야 함.

- **감리계약 체결 – 감리대가 산정의 방식 제시**
  1. 투입공수에 「소프트웨어산업진흥법」 시행령에 의한 소프트웨어기술자 등급별 노임단가를 곱하여 산출한 직접인건비에 제경비, 기술료, 직접경비와 부가가치세를 합산하는 방법
  2. 한국정보화진흥원의 "감리대가 산정기준"

※ 감리대상 사업비 규모별 감리원 배치기준

감리대상 사업비	5억원 이하	10억원	20억원	30억원	50억원	100억원 이상
투입공수	55 이하	72	113	170	250	449 이상

  - 투입공수는 감리대상사업 특성, 사업기간 등을 고려하여 발주기관과 감리법인이 협의하여 조정가능
  - 투입공수는 감리일수와 감리원 수를 곱하여 산정하며, 감리일수는 감리계획 수립, 착수회의, 감리시행 및 보고서 작성, 종료회의, 감리 조치결과 확인 등을 포함함
  - 5억원 미만 또는 100억원을 초과하는 사업비 규모에 대한 투입공수는 발주기관과 감리법인이 협의하여 결정
  - 사업비가 각 단계 중간에 있는 경우 투입입력은 직선보간법에 의하여 산정
  - 감리대상 사업비는 감리의 대상이 되는 사업비를 말함. "소프트웨어사업대가의 기준" 비용 중 감리의 대상이 되는 비용의 예정가격을 다음의 비율로 곱하고 합산하여 산정

시스템운용환경 구축비	소프트웨어 개발비
0.456	1

정보시스템 감리비용 산정방법은 정보시스템 감리기준 제4조 7항에 2가지 방안이 제시되어 있다. 감리비용 산정방법을 <u>가장 잘못 적용한 것은?</u>

① 시스템 개발사업 감리비용은 소프트웨어사업대가 기준에 따라 기능점수 방식을 적용하여 감리비를 계산한다.
② 소프트웨어 개발비용 10억원과 하드웨어 구입비용 10억원 등 총 20억원의 구축 사업비는 감리 대상 사업비를 14.56억원으로 계산한다.
③ 현장 점검을 위해 지방출장이 필요한 경우 별도의 직접 경비를 감리비에 추가로 반영할 수 있다.
④ 한국정보화진흥원의 감리 대가기준 산정 공식에 감리 대상 사업비를 대입하여 감리비용을 계산할 경우 제경비율과 기술료율에 따라 감리비가 달라진다.
⑤ 감리원 투입공수와 소프트웨어 노임단가를 적용하여 감리비를 계산할 수 있다.

● 해설 : ①번

감리대가 산정방식은 감리대상 사업비를 기준으로 2가지 방식으로 계산함
1) 소프트웨어 산업진흥법에 따라 투입공수 * 소프트웨어 기술자 노임단가로 계산
2) 한국정보화진흥원 감리대가 산정기준에 따른 계산공식 적용

감리대상 사업비 선정

① 감리대상 사업비 산정
"소프트웨어사업대가의 기준" 비용 중 감리의 대상이 되는 비용의 예정가격을 다음의 비율로 곱하고 합산하여 산정

시스템운용환경 구축비	소프트웨어 개발비
0.456	1.0

감리대가 산정방식 결정

소프트웨어 산업진흥법 적용

② 투입공수 산정
- 감리대상 사업비 규모별 감리원 배치기준

감리대상 사업비	5억원 이하	10억원	20억원	30억원	50억원	100억원 이상
0.456	55 이하	72	113	170	250	449 이상

③ 감리비용 산정
- 투입공수×소프트웨어 기술자 등급별 노임단가+(제경비+기술료+직접경비+부가가치세)

한국정보화진흥원 감리대가 산정기준 적용

② 감리비용 산정
- 감리대가=기본감리비+직접경비+부가가치세
- 기본감리비=특급기술자일당노임단가 × 49.85
　　　　　×(감리대상사업비 보정금액/100,000,000)^0.64+VAT
※계수 49.85는 제경비 또는 기술료 요율에 따라 변경

	기술료 20%	기술료 30%	기술료 40%
제경비 110%	49.85	54.00	58.15
제경비 120%	52.22	56.57	60.92

다음 중 감리계획서의 "감리일정"에 반드시 포함되어야 하는 일정이 <u>아닌 것은?</u>

① 감리 착수회의　　　　　　　② 현장감리 시행
③ 감리 중간검토회의　　　　　④ 감리결과 조치내역 확인

● 해설 : ③번

감리 중간 검토회의는 필요에 따라 수행하는 것으로 반드시 포함해야 하는 일정은 아님

● 관련지식 ···

- **감리계획 수립**
  - 회차별 감리의 착수회의 이전에 발주기관 및 피감리인과 협의하여 감리계획 수립
  - 감리시작 7일 이전에 발주기관, 피감리인에게 통보

- **감리계획 수립 – 감리계획서에 포함될 사항**
  1. 감리대상사업명 및 감리의 목적
  2. 감리대상 범위
  3. 감리일정
     - 예비조사, 감리 착수회의, 감리보고서의 작성을 포함하는 현장 감리시행, 감리 종료회의, 감리보고서의 통보, 감리결과 조치내역 확인 일정 등이 포함
  4. 총괄감리원 및 투입 감리원 편성
     - 총괄감리원은 당해 감리법인의 상근감리원 중 수석감리원으로 선임(공동계약의 경우에는 공동수급체 대표자가 소속된 감리법인의 상근감리원 중 수석감리원)
  5. 감리영역 및 상세점검항목
     - 정보시스템 감리기본 점검표, 정보시스템 구축 · 운영 기술 지침 및 발주기관 등의 감리관련 적용기준 등에 근거하여 초안을 작성하되, 발주기관 및 피감리인과 협의를 통하여 정함
  6. 감리 수행 시 적용할 관련 기준, 표준 및 지침 등의 목록

정보시스템 감리기준의 세부 절차 및 요건에 따라 감리를 시행하여야 한다. 감리 기준의 절차별 요건을 <u>가장 충족하지 못한 경우</u>는?

① 감리법인은 감리 대상사업 또는 피감리인에 대한 독립성을 확보하여야 하며, 피감리인과 감리계약을 체결할 수 없다.

② 감리법인은 감리계획을 수립하여 감리 시작 7일 이전에 발주기관 및 피감리인에게 통보하여야 한다.

③ 발주기관은 특별한 사유가 없는 한, 감리대상 사업의 계약이 완료된 이후 바로 감리계약을 추진하여야 한다.

④ 감리법인은 감리계약 또는 감리계획에 명시된 기간 내에 감리종료회의 결과를 반영한 감리보고서를 발주기관 및 피감리인에게 통보하여야 한다.

⑤ 컨소시엄으로 감리팀 구성 시 총괄감리원은 감리법인 소속에 관계없이 상근 감리원이면서 수석감리원이 수행하여야 한다.

● **해설 : ⑤번**

총괄감리원은 당해 감리법인의 상근감리원 중 수석감리원으로 선임해야 하며, 공동계약의 경우에는 공동수급체 대표자가 소속된 감리법인의 상근감리원 중 수석감리원으로 선임

정보시스템 감리관련 법령 및 기준에 규정된 정보시스템 감리시행에 관한 다음 설명 중에서 틀린 것은?

① 감리원은 감리보고서 작성시 감리영역별로 적정, 보통, 미흡, 부적정의 평가를 할 수 있다.
② 감리원은 감리보고서 작성시 감리의 대상범위를 벗어나는 개선권고사항을 포함할 수 없다.
③ 발주기관은 감리법인과 피감리인과의 협의 주선을 지원하고, 피감리인의 감리결과 조치 활동 관리 등을 수행하여야 한다.
④ 발주기관은 "필수" 개선권고사항임에도 불구하고, 감리결과에 이견이 있는 경우 조치하지 않을 수 있다.

● 해설 : ②번

감리보고서 작성 시 감리의 대상범위를 벗어나지만 사업목표 달성에 도움이 되는 사항을 개선권고사항에 포함할 수 있으며, 개선권고사항별 개선권고유형을 권고로 표시함

● 관련지식 ●●●

• 감리결과의 반영
  – 발주기관은 감리 세부 개선권고사항이 정보시스템 구축에 반영될 수 있도록 조치
  – 감리결과의 반영 대상
    ① "필수" 개선사항
    ② "협의" 개선사항 중 발주기관과 피감리인 간에 협의에 따라 개선하기로 결정한 사항
  – 예산부족 및 감리법인의 감리결과에 대한 이견 또는 국가정보원의 권고 등의 사유로 인하여 조치할 수 없거나 개선방향이 변경된 경우에는 감리법인에게 감리결과 조치내역 확인 요청 시 그 사실과 사유를 통보하여야 함

'정보시스템 감리기준'의 별지 서식에 따라 감리계획서 및 감리보고서를 작성하였다. 다음 중 가장 적절하지 못한 것은?

① 감리계획서의 '5. 감리영역별 상세점검항목'을 감리기준 별표 2. 한국정보화진흥원에서 공지한 '정보시스템 감리지침' 등에 근거하여 감리영역별 점검항목과 검토항목을 도출하여 작성하였다.

② 감리계획서의 '6. 감리일정'에 착수회의 일자, 현장 감리시행기간, 종료회의 일자를 명시하고, 감리보고서 통보일정, 감리결과 조치내역 확인에 대한 일정계획을 포함하여 명시하였다.

③ 감리보고서 Ⅲ. 종합의견의 '4. 감리영역별 개선권고사항'에서 '개선권고유형'이 '협의'였기 때문에 '발주기관 협조필요'를 'ㅇ'으로 표시하였다.

④ 감리보고서 Ⅳ. 개선권고사항의 '나. 문제점 및 개선권고사항'에서 구분자로 사용되는' 현황 및 문제점', '개선방향'을 변경하여 '현황', '문제점', '개선방향'으로 구분하여 작성하였다.

● 해설 : ③번

감리영역별 개선권고사항에서 개선권고유형과 발주기관 협조필요는 독립적이며, 협의일 경우 반드시 발주기관 협조필요로 표시되지는 않음

● 관련지식 •••

• 발주기관 협조필요
 – 해당 개선권고사항의 개선을 위해서는 발주기관의 협조(참여 또는 의사결정 등)가 특별히 필요한 사항에 대해서 표시

정보시스템 감리기준에 규정된 감리절차와 관련된 다음 설명 중 <u>적합하지 않은 것은?</u> (2개 선택)

① 감리법인은 원칙적으로 착수회의 이전에 감리계획을 수립하여 발주기관 및 피감리인에게 통보하여야 한다.
② 감리기준의 정보시스템감리 기본점검표에 없는 항목은 상세점검항목으로 선정할 수 없다.
③ 감리보고서는 종료회의 후에도 수정할 수 있다.
④ 최종감리가 계획된 경우, 중간감리 결과에 대한 조치결과 확인은 최종 감리시에 수행한다.

● **해설 : ②, ④번**

② 감리계획서에 포함되는 상세점검항목은 정보시스템 감리기본 점검표, 정보시스템 구축·운영 기술 지침 및 발주기관 등의 감리관련 적용기준 등에 근거하여 초안을 작성하되, 발주기관 및 피감리인과 협의를 통하여 정함

④ 조치내역 확인은 회차별 감리결과에 대한 조치가 완료되는 대로 확인을 받는 것이 원칙

● **관련지식** ●●●

• **조치내역 확인**

> 질문 : 감리결과 조치내역 확인을 매 회차별 감리시행마다 실시하지 않고, 차기 감리에서 전기 감리의 조치내역을 확인하는 것이 가능합니까?

답변 : 회차별 감리결과에 대한 조치가 완료되는 대로 확인을 받는 것이 원칙입니다.
 – 종전에는 차기 감리에서 이전 감리의 지적사항 조치내역을 확인하는 것이 관례로 되어 있었으나, 각 회차별 감리 시점 사이에 기간이 긴 경우, 차기 감리에서 전기감리 조치내역을 확인하는 것은 이미 지나버린 시점에 확인하는 것이 되기 때문에 효과를 반감시킬 수 있습니다.
 – 따라서, 특별한 사유가 없는 한 회차별 감리의 결과를 반영하고 난 후 지체없이 조치내역 확인을 받고, 미진한 사항이 있는 경우 추가적인 보완을 수행하는 것이 원칙입니다.

감리결과 조치계획 검토 및 조치내역 확인절차 중 잘못된 것은? (2개 선택)

① 발주기관은 감리보고서를 통보받은 후, 감리결과에 대한 조치계획을 수립하여 감리법인
   에게 조치계획에 대한 검토를 요청하여야 한다.
② 감리법인은 조치계획 검토를 요청받으면 조치계획에 대한 적정성을 검토하고, 그 결과를
   발주기관 및 피감리인에게 통보하여야 한다.
③ 발주기관 및 피감리인은 감리보고서와 조치계획 검토결과를 토대로 조치를 수행한 후 그
   조치내역을 감리법인에게 통보하여 확인을 요청하여야 한다.
④ 감리법인은 장기, 단기 구분하여 감리결과 조치내역의 적정성을 확인한 후 그 결과를 발
   주기관 및 피감리인에게 통보하여야 한다.
⑤ 발주기관이 감리결과 조치내역의 적정성을 통보받고 필요한 조치를 수행한 후 감리법인
   에게 감리결과 조치내역 확인을 추가로 요청하는 경우에는 별도의 비용을 지급하여야
   한다.

● 해설 : ①, ⑤번

   ① 발주기관은 감리보고서를 통보받은 후, 감리결과에 대한 조치계획을 수립하여 감리법인에
      게 조치계획에 대한 검토를 요청하여야 한다. → 요청할 수 있다.
   ⑤ 발주기관이 감리결과 조치내역의 적정성을 통보받고 필요한 조치를 수행한 후 감리법인에
      게 감리결과 조치내역 확인을 추가로 요청하는 경우에는 별도의 비용을 지급하여야 한다.
      → 지급할 수 있다.

● 관련지식 •••

   • 감리결과 조치계획 검토 및 조치내역 확인
      – 발주기관은 회차별 감리보고서를 통보받은 후, 감리 결과에 대한 조치계획을 수립하여 감리
        법인에게 조치계획에 대한 검토를 요청할 수 있음
      – (회차별 감리결과에 대한 조치가 완료 되는대로 확인을 받는 것이 원칙)
      – 감리법인은 조치계획 검토를 요청받으면 조치계획에 대한 적정성을 검토하고, 그 결과를 발
        주기관 및 피감리인에게 통보
      – 발주기관 및 피감리인은 감리보고서와 조치계획 검토결과를 토대로 필요한 조치를 수행한
        후, 그 조치내역을 감리법인에게 통보하여 확인 요청
      – 감리법인은 "장기"와 "단기" 구분하여 감리 결과 조치내역의 적정성을 확인한 후 그 결과를
        발주기관 및 피감리인에게 통보

개선시점	확인 내역
장기	조치 계획이 적정하게 수립되어 진행되고 있는지 여부 확인. 단, 조치가 완료된 경우에는 지적된 문제점이 개선방향에 따라 적정하게 개선완료 되었는지 여부 확인
단기	지적된 문제점이 개선방향에 따라 적정하게 개선완료 되었는지 여부 확인

– 발주기관이 감리 결과 조치내역의 적정성을 통보받고 필요한 조치를 수행한 후 감리법인에게 감리결과 조치내역 확인을 추가로 요청하는 경우에는 별도의 비용을 지급할 수 있음

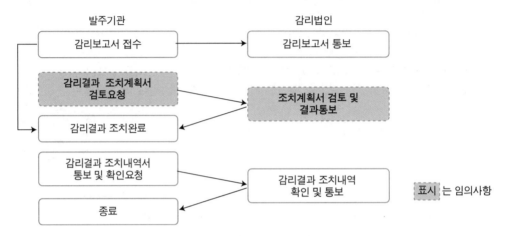

정보시스템 감리기준의 세부 절차에 따라 감리보고서를 작성하고 감리결과 조치계획 검토 및 조치내역을 확인하는 요건 중 가장 적절한 것은? (2개 선택)

① 착수회의에서 발주기관 및 피감리인과 협의하여 감리계획서가 수정되더라도 감리보고서에는 공문으로 제출된 감리계획과 동일하게 작성한다.

② 감리보고서의 개선권고사항중 "권고" 유형에 대하여도 정보시스템 구축에 반영될 수 있도록 조치하여야 한다.

③ 발주기관은 감리보고서를 통보받은 후 감리결과에 대한 조치계획을 수립하여 감리법인에게 조치계획에 대한 검토를 요청할 수 있다.

④ 감리결과 조치내역 확인보고서에는 피감리인이 제출한 조치내역서를 점검하고 검토의견을 제시하되 현황 및 문제점, 개선방향 등의 세부 검토의견을 다시 작성하지는 않는다.

⑤ 발주기관이 감리결과 조치내역의 적정성을 통보받으면 필요한 조치를 수행한 후 추가 조치확인 요청을 할 수 있다.

● 해설 : ③, ⑤번

① 감리보고서에는 감리 착수회의를 통하여 최종 확정된 감리계획을 포함해야 함

② 감리보고서의 개선권고사항 중 감리결과의 반영대상은
 1) "필수" 개선사항
 2) "협의" 개선사항 중 발주기관과 피감리인 간에 협의에 따라 개선하기로 결정한 사항

④ 감리결과 조치내역 확인보고서에는 감리보고서의 개선권고사항별로 조치내역의 적정성을 검토하고 그 결과를 기준에 따라 작성함. 단, 추가적인 세부검토의견이 필요한 경우에는 "세부검토 의견"에 별도 표시함

● 관련지식 ●●

• 감리결과 조치내역 확인 보고서 (예시)
 1) 종합의견
 …

 2) 조치내역 확인결과
 – "조치현황"은 피감리인이 제출한 조치내역서의 표시 내용에 따라 감리인의 검토의견과 비교할 수 있도록 다음과 같이 표시한 사항임
 – "검토의견"은 감리보고서의 개선권고사항별로 조치내역의 적정성을 검토하고 그 결과를 다음과 같은 기준에 따라 작성함. 단, 추가적인 세부검토의견이 필요한 경우에는 "세부검토 의견"에 별도 표시함

감리영역	개선권고사항	개선권고유형	개선시점	중요도	조치현황	검토의견	세부검토의견
사업관리					조치완료	적정	
					조치중	미흡	세부내역 (1)참조
응용시스템					반영불가	N/A	

※ 개선권고사항, 개선권고유형, 개선시점, 중요도는 감리보고서를 참조하여 정리하고
※ 조치현황, 검토의견, 세부검토의견을 추가적으로 작성함

※ 조치현황 – 조치내역서 표시내용(피감리인)

개선시점	확인 내역
조치완료	해당 개선권고사항에 대해 조치를 완료하였다고 표시한 사항
조 치 중	해당 개선권고사항에 대해 계획을 수립하고 조치 중이라고 표시한 사항
반영불가	해당 개선권고사항에 대해 피감리인과 발주기관의 협의 및 의사결정에 따라 조치하지 않기로 결정되었다고 표시한 사항

※ 검토의견 – 조치내역의 적정성 검토결과

개선시점	확인 내역
적정	해당 개선권고사항에 대해 적정하게 조치가 완료되었거나 적정한 계획의 수립에 따라 양호하게 조치가 수행되고 있는 경우
미흡	해당 개선권고사항에 대해 특별한 사유 없이 조치가 완료되지 않았거나 미흡하게 조치된 경우
N/A	"반영불가" 사항 또는 "권고" 사항으로 조치내역 확인의 대상에서 제외된 경우

3) 세부 검토의견
...

'정보시스템 감리기준'에서 규정하고 있는 사항 중 가장 거리가 먼 것은?

① 감리원은 현장감리 시행동안 관련 자료의 검토, 분석, 시험, 상호검증 및 관계자와의 면담 등을 수행한다.
② 감리원은 감리수행과정에서 취득한 정보를 발주기관 및 피감리인의 동의없이 외부에 누설하거나 도용하여서는 아니된다.
③ 감리법인은 감리계약서 또는 감리계획에 명시된 감리일정 및 감리원을 임의로 변경하여서는 아니된다.
④ 감리원은 감리계획에 따라 감리대상 프로젝트를 주관적인 입장에서 전문가적 주의를 다하여 점검해야 한다.

● 해설 : ④번

감리원은 감리대상 정보시스템의 효율성을 향상시키고 안전성을 확보할 수 있도록 감리계획서에 명시된 상세점검항목에 대해 객관적인 입장에서 전문가적 주의를 다하여 종합적으로 점검해야 한다.

● 관련지식 ••

• 감리시행
  – 감리원은 감리계획에 명시된 현장 감리시행 기간에 감리 현장에 상주하는 것이 원칙
  – 감리법인은 감리계약서 또는 감리계획에 명시된 감리일정 및 감리원을 변경하여서는 아니됨. 다만 발주기관과 사전 합의를 거쳐 감리일정을 변경하거나 종전 감리원과 동등자격 이상의 감리원으로 변경 가능함
    ① 상근감리원의 퇴사
    ② 예비군훈련 등의 공무, 재해 또는 질병발생으로 인하여 2일 이상 감리에 불참하는 경우
    ③ 타 공공기관의 감리 결과 조치내역 확인을 위해 당해 감리에 2일 이상 불참하는 경우. 단, 이전 발주기관의 장으로부터 받은 감리결과 조치내역 확인요청 공문을 제출한 경우에 한함
    ④ 감리원의 경조사 등 감리원의 변경이 필요하다고 발주기관의 장이 인정하는 경우
  – 감리원은 감리업무 수행과정에서 취득한 정보를 발주기관 및 피감리인의 동의 없이 외부에 누설하거나 도용하여서는 아니 됨
  – 현장감리 시행기간 동안 수행활동
    ① 관련 자료의 검토, 분석, 시험, 상호검증 및 관계자와의 면담
    ② 정보시스템 구축 · 운영에 관한 문제점 확인 및 관련 자료 수집
    ③ 개선필요사항 발굴
    ④ 발견된 문제점에 대한 감리보고서 작성

다음 중 감리 관련 규정의 내용에 가장 적절하게 부합되는 것은?

① 정보시스템 구축 총사업비에서 하드웨어·소프트웨어의 단순한 구입비용을 제외한 금액을 대상으로 의무화 대상여부를 판단하므로 감리비용 산출시에도 이를 제외하여야 한다.
② 전자정부법 시행령에는 정보기술아키텍처의 도입운영 기관의 범위가 규정되어 있으며 해당 기관은 정보기술아키텍처 도입시 감리를 받아야 한다.
③ 사생활 보호와 관련된 개인 정보를 취급하는 기관은 행정안전부에 등록된 감리법인이외의 기관으로 하여금 감리를 하게 할 수 있다.
④ 감리법인이 행정안전부에 등록된 감리원이 아닌 사람에게 감리업무를 수행하게 한 경우에는 해당 감리원 및 감리법인이 행정처분을 받는다.
⑤ 등록이 취소된 감리법인의 임원은 2년 이내에 타 감리법인의 임원이나 상근 감리원으로 활동할 수 없다.

● 해설 : ③번

① 감리대상을 선정할 때는 정보시스템 구축 총 사업비 중에서 하드웨어·소프트웨어의 단순한 구입비용을 제외한 금액을 대상으로 하나, 감리비용 산정 시에는 일정 비율을 곱하고 합산하여 산정함(시스템운용환경구축비 0.456, 소프트웨어 개발비 1.0)
② 전자정부법 시행령에는 정보기술아키텍처의 도입운영 기관의 범위가 규정되어 있음. 정보기술아키텍처 도입시 감리를 반드시 받아야 하는 것이 아니라 정보 시스템 특성, 사업비 규모, 행정기관장의 필요성 등 감리대상에 포함되는 경우 받음
④ 감리법인이 등급별 기술자격 등 대통령령으로 정하는 일정한 자격을 갖춘 사람에게 감리업무를 수행하게 해야 함
⑤ 등록이 취소된 감리법인의 임원은 2년 이내에 타 감리법인의 임원으로 활동할 수 없다

다음은 정보시스템 감리 관련 법령에서 규정한 내용이다. 옳은 것은?

> 가. 감리원이 다른 사람에게 자기의 성명을 사용하여 감리업무를 수행하게 하거나 감리
> 원증을 대여하면 법인과 개인에게 양벌 규정이 적용된다.
> 나. 국가안전보장에 관한 정보를 취급하는 기관은 행정안전부에 등록된 감리법인이 아
> 니라도 감리법인 등록기준의 기술능력과 재정능력을 갖춘 기관으로 하여금 감리를
> 하게 할 수 있다.

① 모두 옳다
③ '나'만 옳다

② '가'만 옳다
④ 모두 옳지 않다

● **해설 : ①번**

- **전자정부법 제77조(양벌규정)**
  - 법인의 대표자나 법인 또는 개인의 대리인, 사용인, 그 밖의 종업원이 그 법인 또는 개인의
    업무에 관하여 아래 3가지 사항을 위반행위를 하면 그 행위자를 벌하는 외에 그 법인 또는
    개인에게도 해당 조문의 벌금형을 과(科)한다. 다만, 법인 또는 개인이 그 위반행위를 방지
    하기 위하여 해당 업무에 관하여 상당한 주의와 감독을 게을리하지 아니한 경우에는 그러하
    지 아니하다.
    ① 직무상 알게 된 비밀을 누설하거나 도용하는 경우
    ② 감리법인 등록을 하지 아니한 자가 정보시스템 감리를 한 경우
    ③ 다른 사람에게 자기의 성명을 사용하여 감리업무를 수행하게 하거나 감리원증을 빌려 주
      는 경우

- **전자정부법 제57조(행정기관등의 정보시스템 감리)**
  - 정보시스템 감리 예외 대상으로 국가안전보장에 관한 정보 등을 취급하는 기관의 경우에는
    그 기관의 장이 정하는 기관으로 하여금 정보시스템 감리를 하게 할 수 있다.
    1. 국방·외교·안보 등 국가 안전보장에 관련된 정보
    2. 사생활보호와 관련된 개인정보
    3. 그 밖에 기밀유지 또는 공신력확보의 필요성이 높다고 공공기관의 장이 인정하는 정보
      단, 감리법인 등록기준에 따른 기술능력 및 재정능력을 갖춘 기관으로 정하여야 함

정보시스템 감리기준(정통부고시 제2006-42호)의 정보시스템 감리기본점검표는 감리원이 감리를 수행하면서 사업유형별, 시점별, 감리영역별로 점검해야 할 항목들을 종합한 표이다. 다음 중 정보시스템 개발사업 유형 분석시점의 품질보증 영역 감리 점검항목으로 **틀린** 것은?

① 방법론 및 절차/표준의 수립 여부
② 시스템 전환 전략을 적정하게 수립하였는지 여부
③ 품질보증활동 계획을 적정하게 수립하였는지 여부
④ 사용자 요구사항 및 관련 산출물 간의 추적성, 일관성

● 해설 : ②번

"시스템 전환 전략을 적정하게 수립하였는지 여부"는 시스템 개발사업 유형 설계시점의 품질보증 영역 점검항목임

● 관련지식 ●●●

• 정보시스템 감리 기본점검표
  – 감리원이 감리계획을 수립할 때, 감리의 영역을 구분하고, 해당 감리영역마다 상세점검항목을 도출할 때, 활용하기 위한 점검항목의 모음
  – 감리기본 점검표에서는 사업의 유형을 크게 6개의 사업유형으로 분류하고 공통적인 사업관리 감리영역을 포함하여 각각의 사업유형에 대해 감리시점과 감리영역을 정의함
    ① 정보기술아키텍처 수립사업
    ② 정보화전략계획 수립사업
    ③ 시스템 개발사업
    ④ 데이터베이스 구축사업
    ⑤ 시스템 운영사업
    ⑥ 유지보수 사업
  – 기본점검표에서는 각 사업유형의 감리시점별 감리영역별로 점검활동의 개요와 기본점검항목을 제공하고 있으며, 감리기준 제16조에 근거하여 한국정보사회진흥원이 공지한 정보시스템 감리점검해설서에서는 감리기본점검표의 기본점검항목을 상세화하여 다수의 검토항목을 제시하고 있음. 각 기본점검항목으로부터 파생된 검토항목들에 대해서는 해당 검토항목을 점검해야 하는 목적과 이유, 관련 산출물, 감리원의 관점 및 점검기준을 제공하고 있다. 따라서 감리원은 감리계획을 수립할 때, 감리기준 별표1. 기본점검표뿐만 아니라 감리점검해설서를 참조하여 적정한 감리영역을 세분화하고 상세점검항목을 도출할 필요가 있다.

※ 정보시스템 감리기준의 기본점검표와 감리 점검해설서, 감리지침 간의 관계

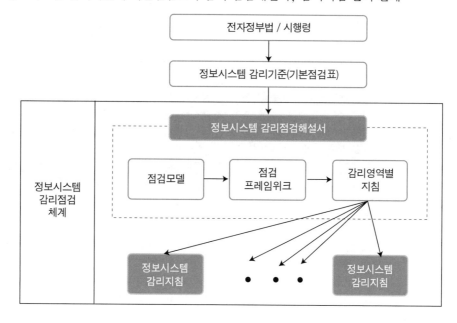

※ 정보시스템 감리점검프레임워크

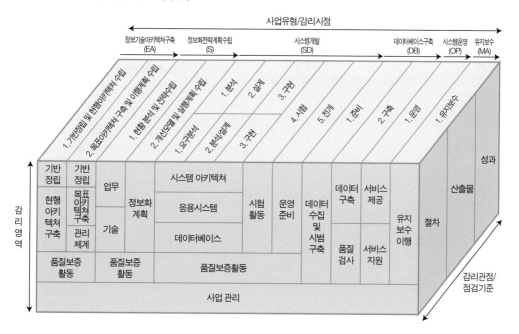

정보시스템 감리 기본점검표 - 시스템 개발사업 / 품질보증활동의 기본점검항목

감리시점	감리영역	개 요	기본 점검항목
분석 (요구분석)	품질보증활동	사업 추진을 위한 방법론, 절차, 표준, 품질보증계획을 수립하고 이에 따라 관련 산출물을 적정하게 작성하였는지 점검	1. 사업 목표의 수립 여부 2. 방법론 및 절차/표준의 수립 여부 3. 반복계획을 적정하게 수립하였는지 여부 4. 품질보증활동 계획을 적정하게 수립하였는지 여부 5. 총괄시험 계획을 적정하게 수립하였는지 여부 6. 방법론 및 절차/표준의 준수 여부 7. 품질보증활동을 적정하게 수행하였는지 여부 8. 사용자 요구사항 및 관련 산출물 간의 추적성, 일관성
설계 (분석/설계)		기수립된 방법론, 절차, 표준, 품질보증계획에 의거하여 각 활동을 수행하고 있으며 관련 산출물을 적정하게 작성하였는지 점검	1. 방법론 및 절차/표준의 준수 여부 2. 이전단계 반복에 대한 평가 및 다음단계 반복계획 수립이 적정한지 여부 3. 품질보증활동을 적정하게 수행하였는지 여부 4. 사용자 요구사항 및 관련 산출물 간의 추적성, 일관성 5. 시스템 전환 전략을 적정하게 수립하였는지 여부
구현		기수립된 방법론, 절차, 표준, 품질보증계획에 의거하여 각 활동을 수행하고 있으며 관련 산출물을 적정하게 작성하였는지 점검	1. 방법론 및 절차/표준의 준수 여부 2. 이전단계 반복에 대한 평가 및 다음단계 반복계획 수립이 적정한지 여부 3. 품질보증활동을 적정하게 수행하였는지 여부 4. 사용자 요구사항 및 관련 산출물 간의 추적성, 일관성
시험		기수립된 방법론, 절차, 표준, 품질보증계획에 의거하여 각 활동을 수행하고 있으며 관련 산출물을 적정하게 작성하였는지 확인하고 초기 사업의 목표달성 여부, 교육계획 등의 적정성을 점검	1. 방법론 및 절차/표준의 준수 여부 2. 이전단계 반복에 대한 평가 및 다음단계 반복계획 수립이 적정한지 여부 3. 품질보증활동을 적정하게 수행하였는지 여부 4. 사용자 요구사항 및 관련 산출물 간의 추적성, 일관성 5. 사업목표의 달성 여부 6. 교육계획을 적정하게 수립하였는지 여부
전개		사업을 마감하고, 구축된 시스템을 운영환경으로 이관하기 위한 준비와 각종 절차 및 계획을 적정하게 수행하였는지 점검	1. 방법론 및 절차/표준의 준수 여부 2. 사용자 교육을 적정하게 실시하였는지 여부 3. 인수 운영조직을 적정하게 구성하였는지 여부

감리대상사업이 반복적 개발방법론을 사용하여 사업을 수행 중에 있다. 이때 정보시스템감리 지침에서 반복적 개발 계획에 대한 적정성을 점검하는 감리영역은?

① 사업관리
② 품질보증활동
③ 응용시스템
④ 시스템 아키텍처

● 해설 : ②번

품질보증활동에서 방법론 및 절차/표준, 반복계획 등이 적정하게 수립되었는지를 점검함
분석(요구분석) 시점 – 반복계획을 적정하게 수립하였는지 여부
설계(분석/설계), 구현, 시험 시점 – 이전단계 반복에 대한 평가 및 다음단계 반복계획 수립이
적정한지 여부

구조적/정보공학적 개발모델에 따라 추진되고 있는 시스템 개발 사업의 시험단계(시험시점)에 "시험활동" 감리영역에 대한 감리를 하기 위해서 감리기준의 정보시스템감리 기본점검표에 따라 점검항목을 도출하였다. 다음 중 적합한 점검항목이 <u>아닌 것은?</u>

① 시험환경을 충분하게 구축하였는지 여부
② 시스템 최적화활동을 적정하게 수행하였는지 여부
③ 사용자 인수시험을 수행하였는지 여부
④ 사용자/운영자 지침서를 적정하게 작성하였는지 여부

● 해설 : ③번

시험단계 시험활동 – 사용자 인수시험을 위한 계획을 적정하게 수립하였는지 여부 점검
전개단계 운영준비 – 사용자 인수시험을 수행하였는지 여부 점검

● 관련지식 ●●

• 정보시스템감리 기본점검표
  – 시스템 개발사업 / 구조적.정보공학적 개발 모델 / 시험활동의 기본점검항목

감리시점	감리영역	개 요	기본 점검항목
시험	시험활동	통합시험, 시스템시험을 통하여 구현된 시스템이 통합적인 관점에서의 기능 완전성과 성능 안전성, 보안성 확보 여부를 검증하였는지 점검	1. 시험환경을 충분하게 구축하였는지 여부 2. 통합시험 실시 및 검증을 적정하게 수행하였는지 여부 3. 시스템 시험 실시 및 검증을 적정하게 수행하였는지 여부 4. 시험결과의 관리 및 개선을 적정하게 수행하였는지 여부 5. 시스템 최적화 활동을 적정하게 수행하였는지 여부 6. 사용자/운영자 지침서를 적정하게 작성하였는지 여부 7. 사용자 인수시험 계획을 적정하게 수립하였는지 여부

'정보시스템 감리기준' 별표 2에 따른 사업유형별 감리영역이 잘못 연결된 것은? (단, 사업관리는 공통으로 포함됨)

① 정보기술아키텍처 수립 – 기반정립, 현행아키텍처 구축, 목표아키텍처 구축, 관리계획, 품질보증활동
② 정보화전략계획 수립 – 업무, 기술, 정보화계획, 품질보증활동
③ 시스템 개발 – 시스템구조, 데이터베이스, 응용시스템, 시험활동, 운영준비, 품질보증활동
④ 데이터베이스 구축 – 데이터 수집 및 시범구축, 데이터 구축, 품질검사

● **해설 : ①번**

정보기술아키텍처 구축사업은 기반정립, 현행아키텍처구축, 이행계획, 목표아키텍처구축, 관리체계, 품질보증활동으로 감리영역이 구분됨

● **관련지식** ●●

• 정보시스템 감리점검프레임워크

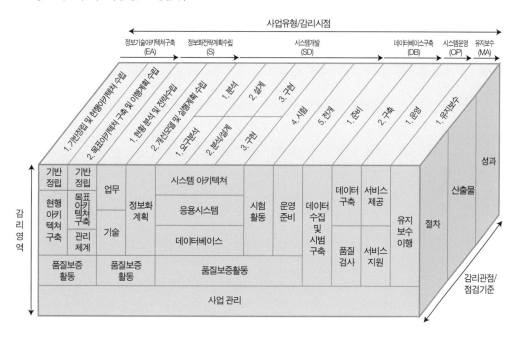

한국정보화진흥원에서 공지한 정보시스템감리지침에 대한 설명 중 <u>가장 적절하지 않은 것은?</u>

① 정보시스템감리지침은 정보시스템감리기준 별표2. 정보시스템감리기본점검표에 대한 지침이다.
② 정보시스템감리지침은 정보시스템감리기준(행안부 고시)에 의해 한국정보화진흥원장이 공지한 것이므로 지침에 포함된 검토항목은 반드시 점검하여야 하는 필수사항이다.
③ 정보시스템감리지침에서 사업유형은 정보기술아키텍처구축사업, 정보화전략계획 수립사업 등 6개로 구분하고 있다.
④ 사업관리에 대한 정보시스템감리지침은 모든 사업에 공통적으로 적용되는 것이다.

● 해설 : ②번

감리 시 감리영역별 상세점검항목은 감리기본점검표(감리기준 별표2), 정보시스템 구축.운영 기술 지침, 공공기관의 감리관련 적용기준 등을 토대로 작성되며, 감리 착수회의에서 감리 발주기관과 사업자(피감리인)와 협의하여 감리 상세점검항목 등을 조정할 수 있으며, 조정(추가/삭제)된 경우에는 회의록을 남긴다.
감리계획서는 추후 부실감리 논란 발생시 판단의 기준으로 활용되므로 상세점검항목, 일정 등의 조정에 주의를 기울여야 함

다음 중 정보시스템감리점검프레임워크에 대한 설명 중 <u>가장 적절하지 않은</u> 것은?

① 정보시스템감리점검프레임워크는 사업유형/감리시점, 감리영역, 감리관점/점검기준으로 구성되어 있다.
② 정보시스템감리점검프레임워크에서 제시하고 있는 사업유형별 감리시점이 하나인 사업은 시스템운영사업과 유지보수사업이다.
③ 시스템개발 사업에 대한 감리시점은 개발모델과 상관없이 분석/설계/구현/시험/전개로 동일하다.
④ 감리시점별 감리영역이 구분되어 있으며, 감리영역별로 점검항목이 구성되어 있다.

● 해설 : ③번

시스템개발사업의 경우 감리의 대상이 되는 사업에서 채택하고 있는 방법론에 따라 감리시점 및 점검항목이 상이하여, 현재 정보화사업에서 많이 활용되는 방법론 모델을 중심으로 구분함
→ 구조적/정보공학적 개발 모델과 객체지향/컴포넌트기반 개발 모델로 구분함

시스템운영사업과 유지보수사업의 경우 방법론의 절차를 기반으로 감리시점을 정의할 수 없어 하나의 감리시점으로 구분함

정보공학 방법론으로 개발되는 A시스템에 대해 총괄감리원이 설계단계의 감리계획서를 작성하고자 한다. 이때 감리계획서의 감리영역별 주요점검항목의 작성에 대한 설명 중 <u>가장 적절하지 않은</u> 것은? (본 감리는 이 사업의 1차 감리임)

① 설계단계이므로 감리영역을 시스템아키텍처, 응용시스템, 데이터베이스, 품질보증활동, 사업관리로 감리영역을 구분하였다.
② 검토항목 도출을 위해 시스템개발사업 구조적/정보공학적 모델에 대한 정보시스템감리 지침을 활용하였다.
③ 감리시점이 설계단계이므로 설계단계 점검항목만을 적용하였다.
④ 사업의 특성을 반영하여 정보시스템감리기준 '별표 2. 정보시스템감리기본점검표'에서 제시하고 있는 점검항목 대신 새로운 점검항목을 도출하여 적용하였다.

● 해설 : ③번

사업유형별로 다양한 특성을 지닌 사업이 존재하며, 사업의 특성이나, 방법론 적용의 차이로 인해 감리시점과 점검항목이 상이할 수 있음. 감리계획서의 감리영역별 주요점검항목은 정보시스템 감리 기본점검표와 감리대상 사업의 특성에 따라 현 감리단계에서 중점적으로 점검할 상세 점검항목을 제시함 다음 중 정보시스템감리기준 별표 2. 정보시스템감리 기본점검표에서 '5. 시스템 운영 사업' 중 '서비스제공' 감리영역의 점검항목으로 가장 적절하게 묶인 것은?

> 가. 운영관리 계획을 적정하게 수립하였는지 여부
> 나. 서비스수준 관리체계를 적정하게 수립하여 관리하고 있는지 여부
> 다. 성과 관리체계를 적정하게 수립하여 관리하고 있는지 여부
> 라. 아웃소싱 관리체계를 적정하게 수립하여 관리하고 있는지 여부
> 마. 의사소통 관리체계를 적정하게 수립하여 관리하고 있는지 여부

① 가-나-다-라-마
② 가-나-다-라
③ 가-나-다
④ 가-나
⑤ 가

● 해설 : ②번

　마. 의사소통 관리체계를 적정하게 수립하여 관리하고 있는지 여부는 '시스템 운영 사업' 중 '서비스 지원'의 기본점검항목임

● 관련지식 ●●

• 정보시스템감리 기본점검표
　– 시스템 운영 사업의 기본점검항목

감리시점	감리영역	개 요	기본 점검항목
운영실행	서비스 제공	사용자에게 제공될 서비스의 운영절차 및 운영 관리 도구 활용 등을 적정하게 수립하고 그에 따라 서비스를 제공하고 있는지 점검	1. 운영관리 계획을 적정하게 수립하였는지 여부 2. 서비스수준 관리체계를 적정하게 수립하여 관리하고 있는지 여부 3. 성과 관리 체계를 적정하게 수립하여 관리하고 있는지 여부 4. 용량 관리 체계를 적정하게 수립하여 관리하고 있는지 여부 5. 예방점검, 백업/복구, 재해대응방안 등 서비스 연속성 관리체계를 적정하게 수립하여 관리하고 있는지 여부 6. 성능 및 가용성 관리체계를 적정하게 수립하여 관리하고 있는지 여부 7. 보안 관리체계를 적정하게 수립하여 관리하고 있는지 여부 8. 아웃소싱 관리체계를 적정하게 수립하여 관리하고 있는지 여부

감리시점	감리영역	개 요	기본 점검항목
운영실행	서비스 지원	사용자에게 제공되는 서비스에 대한 각 지원 프로세스의 운영 및 절차를 적정하게 수립하고 그에 따라 관리를 수행하고 있는지 점검	1. 서비스 데스크를 구축하여 적정하게 운영하고 있는지 여부 2. 장애 및 문제관리 지침/절차를 적정하게 수립하여 관리하고 있는지 여부 3. 구성 관리 체계를 적정하게 수립하여 관리하고 있는지 여부 4. 변경 관리 체계를 적정하게 수립하여 관리하고 있는지 여부 5. 릴리즈 관리 체계를 적정하게 수립하여 관리하고 있는지 여부 6. 의사소통 관리 체계를 적정하게 수립하여 관리하고 있는지 여부

시험출제 요약정리

1) 소프트웨어사업대가의 기준 - 소프트웨어개발비 산정

    1-1) 기능점수 방식에 의한 산정방법

        1-1-1) 데이터 기능점수
        - 데이터 기능유형을 내부논리파일, 외부연계파일로 식별
        - 각각에 복잡도와 기능점수 가중치를 적용하여 데이터 기능점수를 산정
        - 데이터기능점수 = $\sum$(내부논리파일별 가중치) + $\sum$(외부연계파일별 가중치)

        1-1-2) 트랜잭션 기능점수
        - 트랜잭션 기능유형을 외부입력, 외부출력, 외부조회로 식별
        - 각각에 복잡도 및 기능점수 가중치를 적용하여 트랜잭션 기능점수를 산정
        - 트랜잭션기능점수 = $\sum$(외부입력별 가중치) + $\sum$(외부출력별 가중치) + $\sum$(외부조회별 가중치)

        ※ 복잡도를 결정하기 어려운 경우에는 평균 복잡도 가중치를 적용할 수 있음
        ※ 평균 복잡도 가중치

유형	내부논리파일	외부연계파일	외부입력	외부출력	외부조회
가중치	7.5	5.4	4.0	5.2	3.9

        1-1-3) 기능점수 = 데이터 기능점수 + 트랜잭션 기능점수

        1-1-4) 소프트웨어개발비 = 개발원가 + 직접경비 + 이윤(개발원가의 25% 이내)
        - 개발원가 = 기능점수 * 단계별 기능점수당 단가 * 보정계수

        ※ 단계별 기능점수당 단가   (단위 : 원)

단 계	분석	설계	구현	시험	합계
기능점수당 단가	94,511	119,382	159,177	124,357	497,427

- 어플리케이션유형 보정계수: 동일 소프트웨어 사업에 어플리케이션 유형이 2개 이상일 경우 구분하여 적용
- 언어 보정계수: 발주자가 특정 언어를 요구하는 경우, 사용된 언어의 비율에 따라 소프트웨어 개발단계 중 구현과 시험단계에만 적용

※ 어플리케이션유형 보정계수

어플리케이션유형	보정 계수	범 위
업무처리용	1	인사, 회계, 급여, 영업 등 경영 관리 및 업무처리용 소프트웨어 등
과학기술용	1.2	과학계산, 시뮬레이션, 스프레드시트, 통계, OR, CAE 등
멀티미디어용	1.3	그래픽, 영상, 음성 등 멀티미디어 응용분야, 지리정보시스템, 교육 • 오락용 등
지능정보용	1.7	자연어처리, 인공지능, 전문가시스템
시스템용	1.7	운영체제, 언어처리 프로그램, DBMS, 인간 • 기계 인터페이스, 윈도시스템, CASE, 유틸리티 등
통신제어용	1.9	통신프로토콜, 에뮬레이션, 교환기소프트웨어, GPS 등
공정제어용	2	생산관리, CAM, CIM, 기기제어, 로봇제어, 실시간, 내장형 소프트웨어 등
지휘통제용	2.2	군, 경찰 등 군장비 · 인력의 지휘통제를 요하는 소프트웨어

1-2) 투입인력의 수와 기간에 의한 산정방법
- 엔지니어링사업대가의 기준을 준용
- 단, 투입인력의 직접인건비는 소프트웨어 기술자 등급별 노임단가를 적용하여 산정

2) 소프트웨어사업대가의 기준 - 소프트웨어 재개발비 산정
- 재사용 대상 소프트웨어 기능점수는 소프트웨어 기능점수 산정과 동일한 방식으로 산정
- 재사용 소프트웨어 평가 노력, 재사용 난이도, 재사용 소프트웨어 친숙도를 고려

2-1) 재개발 소프트웨어 기능점수 = 재사용 대상 소프트웨어의 기능점수로부터 구함

2-2) 재개발 소프트웨어 규모 = 기능점수를 기준으로 총변경율을 구함
    2-2-1) 총변경율 <= 50 경우
    - 재개발 소프트웨어 규모 = 재사용 소프트웨어 규모 × [재사용 소프트웨어 평가 노력 + 총변경율 × {1 + 0.02 (재사용 난이도 × 재사용 소프트웨어 친숙도)}] ÷ 100
    2-2-2) 총변경율 > 50 경우
    - 재개발 소프트웨어 규모 = 재사용 소프트웨어 규모 × {재사용 소프트웨어 평가 노

력 + 총변경율 + (재사용 난이도 × 재사용 소프트웨어 친숙도)} ÷ 100

2-2-3) 신규 추가되는 기능은 신규개발과 동일한 방식으로 산정

2-3) 소프트웨어 재개발비 = 개발원가 + 직접경비 + 이윤(개발원가의 25% 이내)

※ 설계변경율 및 총 변경율 계산

총 변경율 계산 구성 요소		가중치	변경율
설계변경율	사용자인터페이스(UI)	25%	a
	업무처리로직(BL)	45%	b
	데이터처리로직(DL)	30%	c
	계	100%	0.25a + 0.45b + 0.3c
코드변경율		d	설계변경율 × d
통합 및 시험 변경율		e	코드변경율 × e

1. 설계변경 대상(UI, BL, DL)별 변경율을 각각 100% 기준으로 딴다

2. 설계변경율 = 0.25 × a(UI변경율) + 0.45 × b(BL변경율) + 0.3 × c(DL변경율)

3. d(코드변경율 가중치)는 코드변경율이 설계변경율의 몇 배인지로 딴다

4. e(통합 및 시험변경율 가중치)는 통합 및 시험변경율이 코드변경율의 몇 배인지로 딴다

5. 총변경율 = 0.4 × 설계변경율 + 0.3 × 코드변경율 + 0.3 × 통합 및 시험 변경율

컴퓨터프로그램보호법에 규정되어 있는 프로그램저작권에 대한 내용 중 틀린 것은?

① 프로그램을 작성하기 위하여 사용하고 있는 프로그램언어, 규약, 해법과 개작된 프로그램은 독자적인 프로그램으로 프로그램저작권이 보호된다.
② 프로그램저작권은 그 프로그램이 공표된 다음 연도부터 50년간 존속한다. 다만, 창작후 50년 이내에 공표되지 아니한 경우에는 창작된 다음 연도부터 50년간 존속한다.
③ 프로그램저작권은 프로그램이 창작된 때부터 발생하며 어떠한 절차나 형식의 이행을 필요로 하지 아니한다.
④ 공동저작프로그램의 저작권은 공동저작권자 전원의 합의에 의하지 아니하고는 이를 행사할 수 없다.

● 해설 : ①번

컴퓨터프로그램저작물은 컴퓨터 등 정보처리능력을 가진 장치(이하 "컴퓨터"라 한다) 내에서 직접 또는 간접으로 사용되는 일련의 지시·명령으로 표현된 창작물을 말하며, 프로그램을 작성하기 위해 사용하는 프로그램 언어, 규약을 포함하지 않음

● 관련지식 ●●●

• 컴퓨터프로그램 보호법
 – 1986년 컴퓨터프로그램 저작물의 저작권을 보호하고 공정한 이용을 도모하여 관련산업과 기술을 진흥시킴으로써 국민경제 발전에 이바지하기 위해 제정되었으며, 2009년 4월 22일 개정된 저작권법에 의거하여 2009년 7월 23일을 기준으로 폐지됨

 1) 저작권
  – 사람의 생각이나 감정을 표현한 결과물에 대하여 그 표현한 사람에게 주는 권리
  – 물건의 주인이 갖게 되는 소유권처럼 자신이 만들어 낸 표현에 대해 가지는 권리, 즉 표현의 결과물을 저작권이라고 함
  – 저작자는 저작인격권과 저작재산권을 가지며, 저작물을 창작한 때부터 발생하며 어떠한 절차나 형식의 이행을 필요로 하지 아니함

2) 저작권의 분류

분류	설명
저작인격권	– 정신적인 노력의 산물로 만들어 낸 저작물에 대해 저작자가 인격적으로 갖는 권리를 말함 – 저작인격권은 다른 사람에게 양도되거나 상속되지 않는, 저작자에게만 인정되는 권리임 　　ex) 공표권, 성명표시권, 동일성유지권
저작재산권	– 저작자가 자신이 만든 저작물을 다양한 방식으로 이용함으로써 재산적 이익을 얻을 수 있는 권리를 말함 – 저작재산권은 다른 사람에게 양도하거나 상속될 수도 있는 권리 　　ex) 복제권, 공연권, 공중송신권, 전시권, 배포권, 2차적저작물작성권, 대여권

2-1) 공동저작물의 저작인격권
– 공동저작물의 저작인격권은 저작자 전원의 합의에 의하지 아니하고는 이를 행사할 수 없다. 이 경우 각 저작자는 신의에 반하여 합의의 성립을 방해할 수 없다.

3) 저작물의 종류
– 어문저작물, 음악저작물, 연극저작물, 미술저작물, 건축저작물, 사진저작물, 영상저작물, 도형저작물, 컴퓨터프로그램저작물, 2차적저작물, 편집저작물, 공동저작물

3-1) 컴퓨터프로그램저작물
– 특정한 결과를 얻기 위하여 컴퓨터 등 정보처리능력을 가진 장치(이하 "컴퓨터"라 한다) 내에서 직접 또는 간접으로 사용되는 일련의 지시 · 명령으로 표현된 창작물을 말함

4) 저작권 보호기간
– 저작재산권은 저작자의 생존하는 동안과 사망 후 50년간 존속한다. 다만, 저작자가 사망 후 40년이 경과하고 50년이 되기 전에 공표된 저작물의 저작재산권은 공표된 때부터 10년간 존속한다.
– 공동저작물의 저작재산권은 맨 마지막으로 사망한 저작자의 사망 후 50년간 존속한다.

4-1) 무명 또는 이명 저작물의 보호기간
– 무명 또는 널리 알려지지 아니한 이명이 표시된 저작물의 저작재산권은 공표된 때부터 50년간 존속한다. 다만, 이 기간 내에 저작자가 사망한지 50년이 경과하였다고 인정할 만한 정당한 사유가 발생한 경우에는 그 저작재산권은 저작자 사망 후 50년이 경과하였다고 인정되는 때에 소멸한 것으로 본다.

전사적 아키텍쳐 계획(EAP)에 대한 설명 중 맞는 것은?

① 전사적 아키텍쳐 계획은 프로세스 중심의 접근 방법이다.
② 전사적 아키텍쳐 계획은 기술 중심의 접근 방법이다.
③ 전사적 아키텍쳐 계획은 애플리케이션을 정의하기 이전에 데이터를 정의한다.
④ 전사적 아키텍쳐 계획은 주로 단기 혹은 "현재 무엇이 중요한가?"에 초점을 맞춘다.

● 해설 : ③번

EA는 프로세스 중심, 기술 중심의 접근방법임
현재의 상태를 정확히 나타내는 '현행 아키텍처'를 성과, 업무, 데이터, 서비스 및 정보 기술 등의 시각과 누가 사용하는 관점에 따라 작성한다. 앞으로 3~5년 후 조직이 나아갈 방향과 부합하는 '목표 아키텍처'를 개발한다.

● 관련지식 ••

1) EA (Enterprise Architecture)
   – 기관에서 정보화를 체계적으로 추진하기 위해 업무, 데이터, 응용 서비스, 정보 기술 등 정보화 구성 요소 및 이들 간의 상호 관계를 미리 정해 놓은 '정보화 종합 설계도'입니다.

2) EA 구성요소
   – EA는 다양한 기준과 지침, 현행 및 목표 아키텍처, 이행 계획 등 다양한 구성 요소의 집합체입니다.

구성요소	설명
EA 거버넌스	기관의 비전과 전략에 부합하도록 정보 자원을 효율적으로 활용하기 위한 관리 및 통제 체계. IT정책, 조직 구조, 역할 및 책임, 절차 등
아키텍처 수립	성과, 업무, 데이터, 응용 서비스 및 정보 기술 등의 측면에서 기관의 현재 상태(as-is)와 목표 상태(to-be)를 기술한 아키텍처, 그리고 목표 아키텍처를 구현하기 위한 다년도 이행 계획을 포함함
EA 관리 도구	현행 및 목표 아키텍처의 산출물을 보관하는 저장소 역할을 수행하며, 필요할 때마다 쉽게 찾아볼 수 있게 함. 이를 통해 정보 자원의 중복 여부 점검, 재활용 자원 식별 등 EA 정보를 체계적으로 관리할 수 있음

3) EA 구축절차
   – EA 착수 단계 → EA 수립 단계 → EA 활용 단계 → EA 유지 관리 단계

소프트웨어기술성평가기준(정보통신부 고시 제2004-4호) 중 패키지 소프트웨어 평가항목에 해당하지 <u>않는</u> 것은?

① 기능성　　　　② 이식성　　　　③ 일정계획　　　　④ 교육훈련

● 해설 : ③번

　　소프트웨어 기술성 평가기준이 개정되어 패키지 소프트웨어 평가항목이 변경되었으나, 이전 소프트웨어 기술성 평가기준을 참조하면 일정계획은 기술제안서 평가항목의 프로젝트관리의 평가항목임

● 관련지식 ●●●

• 소프트웨어 기술성 평가기준
　－ 소프트웨어사업 계약을 체결하는 경우 상용소프트웨어(구매를 통해 활용하는 패키지소프트웨어, 솔루션 등을 포함함) 및 정보시스템의 기술성 평가를 위하여 필요한 사항을 정함

　1) 기술제안서 평가항목

기존(정보통신부고시 제2007-51호)　　→　　최근(지식경제부고시 제2010-53호)

대항목	중항목	평가항목	평가항목
개발계획부문	유사분야에서의 개발경험	평가부문 전략 및 방법론	사업이해도
	개발대상사업의 이해도		추진전략
	개발전략		적용기술
개발부문	기능 및 성능 (상용SW, HW 포함)		표준 프레임워크 적용
	개발방법론		개발방법론
	개발환경	기술 및 기능	시스템 요구사항
관리부문	경영상태		기능 요구사항
	사업수행조직		보안 요구사항
	품질보증방안		데이터 요구사항
	관리방법론		시스템운영 요구사항
	일정계획		제약사항

기존(정보통신부고시 제2007–51호)	→	최근(지식경제부고시 제2010–53호)	

대항목	중항목
지원부문	시험운영
	교육훈련
	유지보수방안
	기밀보안
	비상대책
전문업체 참여 및 상호협력 부문	전문업체 참여
	상호협력
	중소기업 보호,육성

평가항목	평가항목
성능 및 품질 평가부문	성능 요구사항
	품질 요구사항
	인터페이스 요구사항
프로젝트 관리	관리 방법론
	일정계획
	개발장비
프로젝트 지원	품질보증
	시험운영
	교육훈련
	유지보수
	기밀보안
	비상대책
상생협력 및 전문업체참여	상생협력
	전문업체 참여

2) 상용 소프트웨어 평가항목

기존(정보통신부고시 제2007–51호)	→	최근(지식경제부고시 제2010–53호)	

대항목	중항목
소프트웨어 기능부문	기능성
	사용성
소프트웨어 관리부문	이식성
	유지보수성
소프트웨어 성능부문	효율성
	신뢰성
공급업체 지원부문	운용지원
	교육훈련

평가부문	평가항목
기능성	기능구현 완전성
	기능구현 정확성
	상호 운용성
	보안성
	표준 준수성
사용성	기능학습 용이성
	입출력 데이터 이해도
	사용자 인터페이스 조정가능성

기존(정보통신부고시 제2007-51호)		→	최근(지식경제부고시 제2010-53호)	

대항목	중항목
공급업체 지원부문	업체신뢰성

평가부문	평가항목
사용성	사용자 인터페이스 일관성
	진행상태 파악 용이성
	운영절차 조정 가능성
이식성	운영환경 적합성
	설치제거 용이성
	하위호환성
효율성	반응시간
	자원사용율
	처리율

- 평가항목은 소프트웨어사업의 유형 및 특성별로 가감 조정할 수 있음
- 총 배점한도는 100점이며, 각 평가부문별 배점한도는 30점을 초과하지 못하고, '상생협력 및 전문업체참여' 평가부문의 배점한도는 10점 이상으로 함
- 각 평가항목은 최고 5점을 기준으로 기술제안별로 절대 또는 상대 평가하여, 상대평가 시 우열을 가리기 어려운 경우에는 동일한 점수를 부여할 수 있음
- 평가부문별 점수 계산식

> 평가부문별점수 = 평가부문별배점한도 X (평가항목별점수총합 / 평가항목개수 X 5)

소프트웨어 기술성 평가기준(정보통신부 고시 제2004-4호)은 대체로 소프트웨어 계약을 체결하는 경우 적용되는데, 이 기준에 명시된 여러 가지 평가항목 중 품질보증방안 항목에 대한 평가 요소가 <u>아닌</u> 것은?

① 품질보증계획의 적정성
② 품질보증인력의 자질
③ 사업자 품질보증 능력
④ 품질보증 조직 및 투입인력 규모

● 해설 : ④번

소프트웨어 기술성 평가기준이 개정되어 평가항목이 변경되었으나, 이전 소프트웨어 기술성 평가기준을 참조하면 기술제안서 관리부문 / 품질보증방안의 평가요소에 ④ 품질보증 조직 및 투입인력 규모는 포함되지 않음

● 관련지식 •••

• 이전 – 소프트웨어 기술성 평가기준 (정보통신부고시 제2007-51호)
  기술제안서 평가항목 관리부문 / 품질보증방안의 평가요소
  – 품질보증계획의 적정성
  – 품질보증인력의 자질
  – 사업자 품질보증 능력
  – 국제 소프트웨어 개발 프로세스 품질인증 획득 여부

• 최근 – 소프트웨어 기술성 평가기준 (지식경제부고시 제2010-53호)
  기술제안서 평가항목 프로젝트지원 / 품질보증의 평가요소
  – 제시된 품질보증 방안이 해당 사업의 수행에 적합한지, 사업자가 대외적으로 인정받을 만한 품질보증 관련 인증을 획득한 사례가 있는지를 확인하고 평가한다.

기능점수(Function Point) 방식에서 기능 범주를 결정하는데 포함되는 요소 중 <u>틀린 것은?</u>

① 내부 논리파일 기능   ② 외부 출력 기능
③ 내부 인터페이스 파일 기능   ④ 외부 입력/조회 기능

● **해설 : ③번**

③ 내부 인터페이스 파일 기능 → 외부 인터페이스 파일 기능

● **관련지식** ●●

• 소프트웨어사업대가의 기준 – 소프트웨어개발비 산정

1) 기능점수 방식에 의한 산정방법

1-1) 데이터 기능(Data Function) : 사용자가 어플리케이션 경계 내부 및 외부에서 사용되는 데이터 요구를 충족시키기 위하여 제공되는 기능

구분	설명
내부논리파일 (ILF: Internal Logical Files)	– 사용자가 식별 가능한 논리적인 데이터 그룹 또는 제어정보로써 어플리케이션 경계 　내부에서 유지되는 데이터 – 개발하는 어플리케이션에서 등록/수정/삭제되는 논리 데이터
외부연계파일 (ELF: External Interface Files)	– 사용자가 식별 가능한 논리적인 데이터 그룹 또는 제어정보로써 다른 어플리케이션 　경계 내부에 관리되는 측정대상 어플리케이션이 참조하는 데이터 – 측정대상 어플리케이션에서는 등록/수정/삭제가 발생하지 않고, 참조의 목적으로만 　이용되는 데이터

1-2) 트랜잭션 기능(Transaction Function) : 어플리케이션의 데이터 처리 요구를 충족시키는 위해 사용자에게 제공되는 기능

구분	설명
외부입력(EI: External Inputs)	– 어플리케이션 경계밖에서 들어오는 데이터나 제어정보를 처리하는 단위 프로세스 　(예: 인사 관리 어플리케이션에서 직원을 등록하는 기능)
외부출력(EO: External Outputs)	– 어플리케이션 경계밖으로 데이터나 제어정보를 내보내는 단위 프로세스 – 데이터 조회는 물론 처리 과정을 통해 사용자에게 정보 제공 – 처리 과정에서 계산, 파생 데이터, ILF 변경 등이 있어야 함
외부조회(EQ: External Queries)	– 어플리케이션 경계밖으로 데이터나 제어정보를 내보내는 단위 프로세스 – ILF, EIF에서 데이터를 검색하여 사용자에게 제공 – 조회 과정에서 계산, 파생 데이터, ILF 변경 등이 없어야 함

2005년 5번

소프트웨어사업대가의 기준(정보통신부 고시 제2004-52호)에서 사용하는 어플리케이션유형 보정계수 중에서 보정계수의 값이 가장 높은 유형은?

① 업무처리용   ② 통신제어용   ③ 지휘통제용   ④ 멀티미디어용

● 해설 : ③번

어플리케이션유형 보정계수가 큰 순으로 나열하면 지휘통제 →공정제어용 → 통신제어용 → 시스템용 → 지능정보용 → 멀티미디어용 → 과학기술용 → 업무처리용 순

● 관련지식 ●●●

• 소프트웨어사업대가의 기준 - 소프트웨어개발비 산정

1) 기능점수 방식에 의한 산정방법
   어플리케이션유형 보정계수

어플리케이션유형	보정 계수	범 위
업무처리용	1	인사, 회계, 급여, 영업 등 경영 관리 및 업무처리용 소프트웨어 등
과학기술용	1.2	과학계산, 시뮬레이션, 스프레드시트, 통계, OR, CAE 등
멀티미디어용	1.3	그래픽, 영상, 음성 등 멀티미디어 응용분야, 지리정보시스템, 교육 • 오락용 등
지능정보용	1.7	자연어처리, 인공지능, 전문가시스템
시스템용	1.7	운영체제, 언어처리 프로그램, DBMS, 인간 • 기계 인터페이스, 윈도시스템, CASE, 유틸리티 등
통신제어용	1.9	통신프로토콜, 에뮬레이션, 교환기소프트웨어, GPS 등
공정제어용	2	생산관리, CAM, CIM, 기기제어, 로봇제어, 실시간, 내장형 소프트웨어 등
지휘통제용	2.2	군, 경찰 등 군장비 · 인력의 지휘통제를 요하는 소프트웨어

'소프트웨어 사업대가의 기준(지식경제부 고시 제2009-102호)'에서 기능점수(function point) 방식에 의한 소프트웨어 개발비 산정에 대한 설명 중 잘못된 것은?

① 식별된 기능유형의 복잡도를 결정하기 어려운 경우에는 평균 복잡도 가중치를 적용할 수 있다.
② 평균 복잡도 가중치가 큰 기능유형부터 나열하면 내부논리파일 〉 외부연계파일 〉 외부출력 〉 외부입력 〉 외부조회 순이다.
③ 단계별 기능점수 단가가 큰 단계부터 나열하면 분석 〉 설계 〉 구현 〉 시험 순이다
④ 언어 보정계수는 발주자가 특정 언어를 요구하는 경우 사용된 언어의 비율에 따라 개발 단계 중 구현과 시험단계에만 적용한다.

● 해설 : ③번

　　단계별 기능점수 단가가 큰 단계부터 나열하면 구현 〉 시험 〉 설계 〉 분석 순임

● 관련지식 ••

• 소프트웨어사업대가의 기준 – 소프트웨어개발비 산정

1) 기능점수 방식에 의한 산정방법

　1-1) 데이터 기능점수
　　　– 데이터 기능유형을 내부논리파일, 외부연계파일로 식별
　　　– 각각에 복잡도와 기능점수 가중치를 적용하여 데이터 기능점수를 산정
　　　– 데이터기능점수 = Σ(내부논리파일별 가중치) + Σ(외부연계파일별 가중치)

　1-2) 트랜잭션 기능점수
　　　– 트랜잭션 기능유형을 외부입력, 외부출력, 외부조회로 식별
　　　– 각각에 복잡도 및 기능점수 가중치를 적용하여 트랜잭션 기능점수를 산정
　　　– 트랜잭션기능점수 = Σ(외부입력별 가중치) + Σ(외부출력별 가중치) + Σ(외부조회별 가중치)
　　　※ 복잡도를 결정하기 어려운 경우에는 평균 복잡도 가중치를 적용할 수 있음
　　　※ 평균 복잡도 가중치

유형	내부논리파일	외부연계파일	외부입력	외부출력	외부조회
가중치	7.5	5.4	4	5.2	3.9

1-3) 기능점수 = 데이터 기능점수 + 트랜잭션 기능점수

1-4) 소프트웨어개발비 = 개발원가 + 직접경비 + 이윤(개발원가의 25% 이내)
　　　- 개발원가 = 기능점수 * 단계별 기능점수당 단가 * 보정계수

　　※ 단계별 기능점수당 단가

(단위 : 원)

단 계	분석	설계	구현	시험	합계
기능점수당 단가	94,511	119,382	159,177	124,357	497,427

　　※ 보정계수
　　① 규모보정계수
　　② 어플리케이션유형 보정계수: 동일 소프트웨어 사업에 어플리케이션 유형이 2개 이상일 경우 구분하여 적용
　　③ 언어 보정계수: 발주자가 특정 언어를 요구하는 경우, 사용된 언어의 비율에 따라 소프트웨어 개발단계 중 구현과 시험단계에만 적용
　　④ 품질 및 특성 보정계수
　　　　- 분산처리 - 어플리케이션이 구성요소간에 데이터를 전송하는 정소
　　　　- 성능 - 응답시간 또는 처리율에 대한 사용자 요구수준
　　　　- 신뢰성 - 장애 시 미치는 영향의 정도
　　　　- 다중사이트 - 상이한 하드웨어와 소프트웨어 환경을 지원하도록 개발되는 정도

2) 투입인력의 수와 기간에 의한 산정방법
　　- 엔지니어링사업대가의 기준을 준용
　　- 단, 투입인력의 직접인건비는 소프트웨어 기술자 등급별 노임단가를 적용하여 산정

'소프트웨어사업대가의 기준(지식경제부고시 제2009-102호)'에서 아래의 재개발 소프트웨어 규모 산정식을 사용할 수 있는 경우는?

> 재개발 소프트웨어 규모 = 재사용 소프트웨어 규모 X {재사용 소프트웨어 평가 노력 + 총변경율 + (재사용 난이도 X 재사용 소프트웨어 친숙도)} / 100

① 설계변경율 : 30%, 코드변경율 : 50%, 통합 및 시험 변경율 : 70%
② 설계변경율 : 30%, 코드변경율 : 40%, 통합 및 시험 변경율 : 80%
③ 설계변경율 : 40%, 코드변경율 : 50%, 통합 및 시험 변경율 : 60%
④ 설계변경율 : 60%, 코드변경율 : 40%, 통합 및 시험 변경율 : 50%

● **해설 : ④번**

소프트웨어 재개발비 산정은 총변경율에 따라 2가지 수식으로 나뉘어지며, 주어진 재개발 소프트웨어 규모 산정식은 총변경율이 50을 초과하는 경우이다.
  따라서 총변경율 수식에 주어진 값을 대입하여 총변경율이 50을 초과하는 경우를 선택
  총변경율 = 0.4 × 설계변경율 + 0.3 × 코드변경율 + 0.3 × 통합 및 시험 변경율
  ① 총변경율 = 0.4 * 30% + 0.3 * 50% + 0.3 * 70% = 48%
  ② 총변경율 = 0.4 * 30% + 0.3 * 40% + 0.3 * 80% = 48%
  ③ 총변경율 = 0.4 * 40% + 0.3 * 50% + 0.3 * 60% = 49%
  ④ 총변경율 = 0.4 * 60% + 0.3 * 40% + 0.3 * 50% = 51%

● **관련지식** ●

• **소프트웨어사업대가의 기준 – 소프트웨어 재개발비 산정**
   1) 재사용 대상 소프트웨어 기능점수는 소프트웨어 기능점수 산정과 동일한 방식으로 산정
   2) 재사용 소프트웨어 평가 노력, 재사용 난이도, 재사용 소프트웨어 친숙도를 고려

1) 재개발 소프트웨어 기능점수 = 재사용 대상 소프트웨어의 기능점수로부터 구함

2) 재개발 소프트웨어 규모 = 기능점수를 기준으로 총변경율을 구함

 2-1) 총변경율 <= 50 경우
    재개발 소프트웨어 규모 = 재사용 소프트웨어 규모 × [재사용 소프트웨어 평가 노력 + 총변경율 × {1 + 0.02 (재사용 난이도 × 재사용 소프트웨어 친숙도)}] ÷ 100

2-2) 총변경율 〉50 경우

재개발 소프트웨어 규모 = 재사용 소프트웨어 규모 × {재사용 소프트웨어 평가 노력 + 총변경율 + (재사용 난이도 × 재사용 소프트웨어 친숙도)} ÷ 100

2-3) 신규로 추가되는 기능에 대해서는 재개발비 산정과 구분하여 신규개발과 동일한 방식으로 산정

2) 소프트웨어 재개발비 = 개발원가 + 직접경비 + 이윤(개발원가의 25% 이내)

※ 설계변경율 및 총 변경율 계산

총 변경율 계산 구성 요소		가중치	변경율
설계변경율	사용자인터페이스(UI)	25%	a
	업무처리로직(BL)	45%	b
	데이터처리로직(DL)	30%	c
	계	100%	0.25a + 0.45b + 0.3c
코드변경율		d	설계변경율 × d
통합 및 시험 변경율		e	코드변경율 × e

1. 설계변경 대상(UI, BL, DL)별 변경율을 각각 100% 기준으로 판단
2. 설계변경율 = 0.25 × a(UI변경율) + 0.45 × b(BL변경율) + 0.3 × c(DL변경율)
3. d(코드변경율 가중치)는 코드변경율이 설계변경율의 몇 배인지로 판단
4. e(통합 및 시험 변경율 가중치)는 통합 및 시험 변경율이 코드변경율의 몇 배인지로 판단
5. 총변경율 = 0.4 × 설계변경율 + 0.3 × 코드변경율 + 0.3 × 통합 및 시험 변경율

『국가를 당사자로 하는 계약에 관한 법률』제84조 및 '분리발주 대상 소프트웨어(지식경제부고시 제2009-120호)'에 의한 소프트웨어 분리발주(직접 구매)와 관련된 내용 중 <u>잘못된 것은?</u> (2개 선택)

① 총 사업규모가 10억원 이상인 사업에서 소프트웨어 1개의 가격이 5천만원 이상인 소프트웨어에 대해서만 분리발주 대상으로 명시하고 있다.
② 총 사업규모나 소프트웨어의 가격에 관계없이 GS(Good Software) 인증 등 품질인증을 받은 소프트웨어는 분리발주 할 수 있다.
③ 소프트웨어 제품이 기존 시스템과 통합이 불가능하거나 현저한 비용상승이 초래되는 경우 직접 구매하지 않을 수 있다.
④ 분리발주로 인하여 행정업무의 증가가 발생될 경우 직접 구매하지 않을 수 있다.

● **해설 :** ①, ④번

총 사업 규모가 10억원 이상인 사업에서 사용되는 5천만원 이상 소프트웨어이나,
  1) 동일 소프트웨어의 다량 구매로 총가액이 5천만원을 초과하는 경우
  2) GS인증 등 품질인증을 받은 소프트웨어인 경우 분리발주 가능함

● **관련지식** ●●●

1)「 국가를 당사자로 하는 계약에 관한 법률 」

• 제84조(소프트웨어사업에 대한 소프트웨어의 관급)
① 각 중앙관서의 장 또는 계약담당공무원은 「소프트웨어산업 진흥법」 제2조 제3호에 따른 소프트웨어사업을 발주하는 경우 주무부장관이 고시하는 소프트웨어 제품을 직접 구매하여 공급하여야 한다.
② 제1항에도 불구하고 각 중앙관서의 장 또는 계약담당공무원은 다음 각 호의 어느 하나에 해당하는 때에는 소프트웨어 제품을 직접 구매하여 공급하지 아니할 수 있다.
  – 소프트웨어 제품이 기존 정보시스템이나 새롭게 구축하는 정보시스템과 통합이 불가능하거나 현저한 비용상승이 초래되는 경우
  – 소프트웨어 제품을 직접 공급하게 되면 해당 사업이 사업기간 내에 완성될 수 없을 정도로 현저하게 지연될 우려가 있는 경우
  – 그 밖에 분리발주로 인한 행정업무 증가 외에 소프트웨어 제품을 직접 구매하여 공급하는 것이 현저하게 비효율적이라고 판단되는 경우
③ 제2항에 따라 소프트웨어를 직접 구매하여 공급하지 아니하는 경우에는 그 사유를 발주계획서 및 입찰공고문에 명시하여야 한다.

2) 분리발주 대상 소프트웨어 (지식경제부고시 제2010-54호)

「소프트웨어산업 진흥법」 제2조 제3호에 따른 소프트웨어사업 중 총 사업 규모가 10억원 이상인 사업에서 사용되는 5천만원 이상인 다음 각 호의 소프트웨어
  - 품질인증(GS인증) 제품
  - 행정업무용 소프트웨어 선정 제품
  - 정보보호시스템인증(CC인증) 제품
  - 국가정보원 검증 또는 지정 제품
  - 신제품인증(NEP) 제품
  - 신기술인증(NET) 제품

  ※ 총 사업규모 또는 소프트웨어의 가격은 「국가를 당사자로 하는 계약에 관한 법률」 시행령 제2조제1호에 따른 추정가격에 부가가치세를 포함한 금액으로 함
  ※ 소프트웨어 1개의 가격이 5천만원 미만인 경우라도 동일 소프트웨어의 다량 구매로 총 가액이 5천만원을 초과하는 경우에는 5천만원 이상인 소프트웨어로 간주함
  ※ 총 사업 규모가 10억원 미만이거나 소프트웨어의 가격이 5천만원 미만인 경우라도 분리발주할 수 있다
  ※ 분리발주로 인하여 현저한 비용상승이 초래되거나, 정보시스템과 통합이 불가능하거나, 사업기간 내에 완성될 수 없을 정도로 현저한 지연이 우려되는 등의 경우 해당 소프트웨어를 분리발주 대상에서 제외할 수 있다. 단, 그 사유를 발주계획서 및 입찰공고문에 명시하여야 한다.

국가를 당사자로 하는 계약에 관한 법률 시행규칙 제84조에는 발주기관이 소프트웨어 제품을 직접 구매하여 공급할 수 있는 규정이 제시되어 있다. SW 분리발주에 따른 내용 중 가장 적절하지 않은 것은?

① 시스템통합사업자 및 SW공급자와의 계약 체결시 각각의 사업범위와 책임을 구체적으로 명시하고 각 사업범위에 대한 이행보증보험을 가입하도록 한다.
② 총 사업 규모가 10억원 미만이거나 소프트웨어의 가격이 5천만원 미만인 경우라도 분리 발주할 수 있다.
③ 분리 발주된 SW를 이용한 시스템통합 문제 발생에 대한 책임은 시스템통합사업자에게 부여되며 분리발주 SW의 문제에 대한 책임과 SW기술지원 등의 협력의무는 SW공급자에게 부과된다.
④ 분리발주에 따라 구성품의 SW공급자가 다른 경우 통합에 필요한 일정관리, 품질관리, 의사소통관리, 형상관리 등 제반활동에 소요되는 비용은 시스템운용환경구축비에 포함된다.

● 해설 : ④번

④ 시스템 통합 사업자에게 분리 발주된 S/W를 이용한 시스템 통합의 업무를 부여하고 통합에 필요한 비용은 소프트웨어 개발비에 포함된다.

● 관련지식 ••

• 소프트웨어(SW) 분리발주 가이드라인 (제정 2007.5.1)
• SW사업단계별 원칙

1. 발주기관은 SW사업계획서(또는 사전규격서) 수립시 SW분리발주에 대해 검토하여 SW분리발주 관련사항을 반영한다.
2. 발주기관은 시스템통합사업자와 SW공급자의 사업 제안요청서에 전체 정보 시스템의 구성 계획과 운영환경, 분리발주하는 SW의 범위, 요구사항 등을 각각 명확히 제시한다.
3. 분리발주 SW는 우수 SW의 선정을 위해 협상에 의한 계약체결방식을 원칙으로 하여 기술능력을 중심으로 평가한다. 아울러 SW에 대한 기술성 평가의 객관성 확보를 위하여 벤치마크테스트 결과, 공인된 기관의 시험성적서, 검사필증 등을 적극 활용한다.
4. 발주기관은 시스템통합사업자 및 SW공급자와의 계약 체결시 각각의 사업범위와 책임을 구체적으로 명시하여 사업진행과정에서 문제발생시 책임소재 다툼의 소지를 최소화하고, 아울러 각 사업범위에 대한 이행보증보험의 가입을 요청한다.
   ① 발주기관은 계약 체결 이전에 시스템통합사업자와 SW공급자가 HW, SW사양 및 시스템 환경 등 시스템 통합에 필요한 사항을 미리 알 수 있도록 한다.

② 시스템통합사업자에게 분리발주된 SW를 이용한 시스템통합의 업무를 부여하고 시스템 통합에 문제가 발생하는 경우 책임을 부담함을 명시하며, 다만 분리발주된 SW의 문제인 경우에는 SW공급자가 책임을 부담함을 명시한다.

③ SW공급자에 대해서는 시스템통합, 검수과정 등에 필요한 SW기술지원 등 시스템 통합 사업자에 대해 협력할 의무를 부과한다.

④ 기타 정보시스템 효율적인 구축을 위하여 필요한 경우 시스템통합사업자와 SW공급자간 상호협력계약을 체결토록 한다.

5. 발주기관은 시스템의 안정적인 하자/유지보수 등을 위해 SW공급자에게 컴퓨터 프로그램보호법 제20조의2의 규정에 의한 분리발주한 SW의 소스코드 및 기술정보의 임치와 동 법 시행령 제10조의3의 규정에 의한 SW개발자의 실명 등록 등 필요한 사항을 요청한다.

6. 발주기관은 SW분리발주를 추진함에 있어 필요할 경우에 정부통합전산센터, 한국정보사회진흥원, 한국SW진흥원 등의 자문을 활용하고 산/학/연 전문가 등으로 위원회를 구성하여 운영한다.

'정보시스템 구축.운영 기술지침(정보통신부고시 제2006-37호)'에 대한 설명 중 <u>거리가 먼 것</u>은?

① 정보기술아키텍처를 기반으로 정보시스템을 구축.운영하는 것을 원칙으로 하고 있다.
② 정보시스템을 신규 구축 및 운영하는 경우에 적용되며, 기존 정보시스템의 유지보수에는 적용되지 않는다.
③ 정보시스템 운영에 사용되는 통신장비는 IPv4와 IPv6가 동시에 지원되는 장비를 채택하여야 한다.
④ 감리법인은 감리계획서의 감리 점검항목에 지침의 준수여부를 명시하고 기술 준수 결과표를 활용하여 준수여부를 점검하고 그 결과를 감리보고서에 기술하여야 한다.

● 해설 : ②번

정보시스템의 구축・운영 기술 지침은 정보시스템을 신규 구축 및 운영하는 경우뿐만 아니라, 기존 정보시스템의 경우에는 개선 또는 유지보수하고자 할 때에도 적용된다.

● 관련지식

• 정보시스템의 구축・운영 기술 지침 (행정안전부고시 제2009-62호)
제3조(적용범위)
① 이 지침은 공공기관이 정보시스템을 구축・운영함에 있어 계획수립, 개발, 감리, 검사, 운영 및 유지관리 등 전 단계에 적용된다.
② 이 지침은 정보시스템을 신규 구축 및 운영하는 경우에 적용되며, 기존 정보시스템의 경우에는 개선 또는 유지보수하고자 할 때에 적용된다.
③ 제1항 및 제2항의 규정에도 불구하고, 무기체계와 연동하여 구축하는 국방 분야의 정보시스템에 대하여는 국방부장관 또는 방위사업청장이 기술지침을 별도로 정하여 적용할 수 있다.

제4조(기본원칙)
① 공공기관의 장은 기관의 정보기술아키텍처를 기반으로 정보시스템을 구축・운영 하여야 한다.
② 정보시스템에 적용되는 기술은 표준화된 개방형 기술을 사용하는 것을 원칙으로 한다. 단, 비표준의 폐쇄형 기술을 사용하는 경우에는 그 사유를 명시하여야 한다.
③ 정보시스템의 구축・운영시 관련된 법률, 규정, 지침 등을 식별 및 정의하고 준수하여야 한다.
④ 데이터는 신뢰성을 위한 무결성, 일치성 및 보안을 위한 기밀성, 가용성이 확보될 수 있도

록 구축되어야 한다

제2장 세부 분야별 기술지침 (→ 범정부 기술 참조모델의 서비스 영역과 일치함)

제5조(서비스접근 및 전달 분야)

① 대민서비스용 정보시스템은 사용자가 브라우저 등 다양한 사용자 환경에서도 서비스를 이용할 수 있도록 표준 기술이 준수되어야 하고, 장애인, 저사양 컴퓨터 사용자 등 서비스 이용 소외계층을 고려한 설계 • 구현을 검토하여야 한다.

제6조(플랫폼 및 기반구조 분야)

① 데이터베이스는 관리 기능이 제공되어야 하며, 데이터베이스 관리자를 지정하여 운영하여야 한다.

② 정보시스템의 운영에 사용되는 네트워크는 안전성 및 확장성이 보장되도록 구축 • 운영하여야 한다.

③ 정보시스템 운영에 사용되는 통신장비는 IPv4와 IPv6가 동시에 지원되는 장비를 채택하여야 한다.

④ 하드웨어는 이기종간 연계가 가능하여야 하며, 특정 기능을 수행하는 임베디드 장치 및 주변 장치는 해당 장치가 설치되는 정보시스템과 호환성 및 확장성이 보장되어야 한다.
(신규 도입되는 정보시스템은 에너지 절약형 전산장비 표준규격을 통과한 장비를 채택하여야 한다.)

제7조(요소기술 분야)

① 응용서비스는 컴포넌트화하여 개발하는 것을 원칙으로 한다.

② 데이터는 데이터 공유 및 재사용, 데이터 교환, 데이터 품질 향상, 데이터베이스 통합 등을 위하여 표준화되어야 한다.

③ 행정정보의 공동활용에 필요한 행정코드는 행정표준코드를 준수하여야 하며 그렇지 못한 경우에는 공공기관의 장이 그 사유를 행정안전부 장관에 보고하고 행정안전부의 "행정기관의 코드표준화 추진지침"에 따라 코드체계 및 코드를 생성하여 행정안전부에 표준 등록을 요청하여야 한다.

④ 패키지소프트웨어는 타 패키지소프트웨어 또는 타 정보시스템과의 연계를 위해 데이터베이스 사용이 투명해야 하며 다양한 유형의 인터페이스를 지원하여야 한다.

⑤ 해외 사용자가 있는 정보시스템은 다국어를 지원하고 국제 표준통화 및 도량형을 지원하여야 한다.

제8조(인터페이스 및 통합 분야)

① 정보시스템간 서비스의 연계 및 통합에는 웹서비스 적용을 검토하고, 개발된 웹서비스 중 타기관과 공유가 가능한 웹서비스는 범정부 차원의 공유 • 활용을 위하여 국가 웹서비스 등록 저장소에 등록할 수 있도록 관련 조치를 취하여야 한다.

제9조(보안)

① 정보시스템 및 정보시스템의 운영에 사용되는 네트워크는 보안성이 보장되도록 구축·운영하여야 한다.

② 정보시스템의 보안을 위하여 위험분석을 통한 보안 계획을 수립하고 이를 적용하여야 한다. 이는 정보시스템의 구축 운영과 관련된 "서비스 접근 및 전달", "플랫폼 및 기반구조", "요소기술" 및 "인터페이스 및 통합" 분야를 모두 포함하여야 한다.

③ 보안이 중요한 서비스 및 데이터의 접근에 관련된 사용자 인증은 공인전자서명 또는 행정전자서명을 기반으로 하여야 한다.

제3장 기술참조모형 분야별 기술지침

제10조(정보시스템의 상호운용성 평가)

① 정보시스템의 상호운용성에 대한 평가는 기술적 요구사항 정의의 적절성, 타 정보시스템과의 연계성, 정보시스템 통합성에 대하여 실시한다.

제4장 지침의 적용방법

제11조(사업계획 수립 시 활용)

① 공공기관등의 장은「법 시행령」(이하 "영"이라 한다) 제8조에 따른 기술평가 대상사업의 사업계획서(이하 "사업계획서"라 한다) 확정 이전에 별표1의 기술평가를 수행하여야 한다.

② 공공기관의 장은 제1항의 기술평가 수행을 위해 별지 제1호 서식의 검토결과에 해당 세부 평가항목의 검토여부와 주요 기술적 검토 사항 및 미검토 사유 등을 포함하여 검토내용을 작성하여야 한다. 다만, 검토결과의 세부적인 설명을 위하여 관련 자료를 첨부할 수 있다.

③ 공공기관의 장은 제2항의 검토결과를 반영하여 사업계획서 및 제안요청서를 작성하여야 한다.

④ 공공기관의 장은 사업계획서 및 제안요청서 작성시 별지 제2호서식의 기술적용계획표를 작성하고 사업자에게 이 지침의 준수를 요구하여야 한다. 다만, 공공기관의 장은 사업의 특성에 따라 기술적용계획표 항목을 조정하여 사용할 수 있다.

⑤ 공공기관의 장은 과업내용서 작성시 정보시스템을 구축·운영하는 사업자와 협의된 기술적용계획표를 첨부하여야 한다.

제12조(사업 추진 시 활용)

① 정보시스템을 구축·운영하는 사업자는 제11조제4항에서 작성된 기술적용계획표를 준수하여 사업을 추진하여야 한다.

제13조(사업 검사 시 활용)

① 정보시스템을 구축·운영하는 사업자는 사업 검사 요청시 별지 제3호서식의 기술적용결과

표를 작성하여야 한다.

② 감리법인은 감리계획서의 감리점검항목에 제11조제4항에서 작성된 기술적용계획표 준수 여부를 기재하고, 제1항의 기술적용결과표를 활용하여 본 지침의 준수 여부를 점검하고 그 결과를 감리보고서에 기술하여야 한다.

③ 공공기관의 장은 검사 확인시 제1항의 사업자가 제출한 기술적용결과표와 제2항의 감리보고서를 토대로 지침 준수여부를 확인하여야 한다.

정보시스템의 구축운영 기술 지침(행정안전부 고시 제 2010–31호)은 계획수립, 개발, 검사, 운영 및 유지관리 등 전 단계에 걸쳐 적용된다. 이 지침의 내용을 올바르게 적용하지 못한 것은?

① 발주기관은 기술평가 대상사업의 사업계획서 확정 이전에 기술평가를 실시하여야 한다.
② 기술평가시 검토여부에 "검토", "해당없음" 중 하나를 기재하되 "해당없음"인 경우에는 사유를 기록하여야 한다.
③ 제안요청서 작성시 사업 특성에 따라 기술적용계획표를 작성하고 사업자에게 이 지침의 준수를 요구하여야 한다.
④ 기술적용계획표 작성시 "미적용", "해당없음"의 경우에는 사유 및 대체기술을 기록하여야 한다.

● 해설 : ④번

기술적용계획표 작성 시 "부분적용", "미적용" 시 사유 및 대체기술을 기록하여야 함

〈별지 제1호 서식〉 기술평가 검토서식

평가분야	정보시스템 구축 · 운영 기술의 적합성	
평가항목	세부 평가항목	검토결과
정보시스템 구축 · 운영 기술의 적합성	● 정보시스템의 구축 · 운영 기술 지침의 〈별지 제2호 서식〉 기술적용계획표를 작성 및 검토하였는가?	○ 검토여부 : ○ 검토내용 :

※ 검토여부에는 '검토', '해당없음' 중 하나를 기재하되, 검토내용에는 '검토'한 경우에는 기술적 분석사항을, '해당없음'인 경우에는 사유 등이 포함된 세부내용을 기재함

〈별지 제2호 서식〉 기술적용계획표

구분	항목	적용 계획				부분적용/ 미적용시 : 사유 및 대체기술
		적용	부분 적용	미 적용	해당 없음	
기본 지침						
• 대민서비스용 정보시스템은 사용자가 다양한 브라우저 환경에서 서비스를 이용할 수 있도록 표준기술을 준수하여야 하고, 장애인, 저사양 컴퓨터 사용자 등 서비스 이용 소외계층을 고려한 설계 · 구현을 검토하여야 한다.						

'전자정부 웹 표준준수 지침(행정안전부고시 제2008-10호)'의 주요골자와 <u>거리가 먼 것은?</u>

① 기술의 중립성 : 내용의 문법 준수, 내용과 표현의 분리, 동작의 기술 중립성 보장, 플러그
   인의 호환성
② 보편적 표현보장 : 콘텐츠의 보편적 표현, 운영체제의 독립적인 콘텐츠 제공
③ 기능의 호환성 확보 : 부가 기능의 호환성 확보, 다양한 프로그램 제공
④ 사용의 편리성 확보 : 기능 인식의 용이성, 기능 동작의 일관성, 보편적 인터페이스 제공

● 해설 : ④번

전자정부 웹표준 준수지침은 기술의 중립성, 보편적 표현보장, 기능의 호환성 확보를 주요내용
으로 함

● 관련지식 ●●●

• 전자정부 웹표준 준수지침(행정안전부 고시 제2008-10호)
1) 목적
   – 정부기관에서 구축 · 운영하는 정보시스템 접근 시 컴퓨터, 운영체제, 웹 브라우저 등 이용
     환경에 구애받지 않고 모든 국민들이 자유롭게 홈페이지를 이용할 수 있도록 정부기관에서
     홈페이지 구축 시 지켜야 할 사항들을 정의함

2) 주요 내용
   – 기술의 중립성 : 내용의 문법 준수, 내용과 표현의 분리, 동작의 기술 중립성 보장, 플러그인
     의 호환성
   – 보편적 표현보장 : 콘텐츠의 보편적 표현, 운영체제 독립적인 콘텐츠 제공
   – 기능의 호환성 확보 : 부가 기능의 호환성 확보, 다양한 프로그램 제공

• 전자정부 웹호환성 준수지침(행정안전부고시 제2009-185호)
1) 주요 제정내용
   – 기존「전자정부 웹표준 준수지침」은 내부 기준에 따라 준수사항을 마련하였고, 기술적 요구
     사항이 불명확하여 적용확대가 곤란
   – 웹호환성 확보를 위하여 행정기관이 준수해야 할 표준 5종을 국제표준을 참조하여 명시

분류 표준기구	구조	표현	동작
W3C 표준	HTML 4.0 xHTML 1.0 및 1.1	CSS 2.1	DOM 2, 3

분류 표준기구	구조	표현	동작
ECMA International	–	–	ECMAscript–262 3rd

- "기술적 제약이 없는 한 모든 대민 웹사이트는 3종 이상 웹브라우저에서 정상 동작"하도록 기술적 규정을 신설
- 「전자정부 웹호환성 준수지침」으로 변경, 기존 「전자정부 웹표준 준수지침」은 폐지

2) 지침 내용

제4조(기본 원칙)

1. 행정기관의 장은 대민 웹사이트를 신규 구축하고자 하는 경우, 기술적 제약이 없는 한 최소 3종 이상의 브라우저에서 동등하게 서비스를 제공하여야 한다.
2. 행정기관의 장은 기존 대민 웹사이트를 개선, 유지보수 및 운영하는 경우, 기술적 제약이 없는 한 최소 3종 이상의 브라우저에서 동등하게 서비스를 제공하도록 노력하여야 한다.

제5조(웹호환성의 확보)

1. 웹페이지는 다음 각 목에 따라 표준 문법으로 구현하여야 한다.
① 웹페이지는 문서타입을 반드시 선언하고, 선언한 문서타입에 해당하는 문법으로 구현하여야 한다. 이 경우 문서타입의 선언방법은 붙임1을 따른다.
② 문자 인코딩 방식은 EUC–KR 또는 UTF–8 중 하나를 지정하여 선언하여야 한다.
③ 기타 W3C HTML 4.01 또는 W3C XHTML 1.0, 1.1에서 정한 표준 문법으로 구현하여야 한다.
2. 웹페이지 화면의 디자인 요소는 W3C CSS 2.1 표준 문법을 준수하여야 한다.
3. 웹페이지의 동적 기능을 제어하기 위하여 W3C DOM Level 2, Level 3 및 ECMA- International ECMA–262 3rd의 표준 문법을 준수하여야 한다.
4. 액티브 엑스(Active–X) 등 특정 브라우저용 내장프로그램을 사용하는 경우 타 브라우저를 지원하기 위한 방안을 함께 마련하여야 한다. 다만 기술적 제약이 있을 경우에는 예외로 한다.

'웹 접근성 향상을 위한 국가표준 기술 가이드라인(2009.3.18)'의 내용 중 틀린 것은?

① 인식의 용이성 – 이미지의 의미나 목적을 이해할 수 있도록 적절한 대체 텍스트를 제공해야 한다.
② 운용의 용이성 – 반복된 링크를 건너뛸 수 있도록 건너뛰기 링크를 제공해야 한다.
③ 이해의 용이성 – 콘텐츠는 논리적인 순서로 구성되어야 한다.
④ 기술적 진보성 – 수준 높은 서비스 제공을 위해 애플릿, 플러그인 등 최신의 기술을 이용하여야 한다.

● 해설 : ④번

④ 기술적 진보성은 애플릿, 플러그인(Attivex)등 부가 어플리케이션을 제공하는 경우에도 해당 어플리케이션이 자체적인 접근성을 준수하거나 사용자가 대처, 콘텐츠를 이용할 수 있도록 해야 함.

● 관련지식 ●●●

• 웹 접근성 향상을 위한 국가표준 기술 가이드라인

1) 목적
– 웹 접근성이란 장애인, 고령자 등이 웹 사이트에서 제공하는 정보에 비장애인과 동등하게 접근하고 이해할 수 있도록 보장하는 것

2) 추진경위
– 2005년 12월 '인터넷 웹 콘텐츠 접근성 지침' 국가표준 제정
– 2009년 3월 '웹 접근성 향상을 위한 국가표준 기술 가이드라인' 개발/보급(4가지 원칙 18개 항목)
– 2008년 4월 11일 부터 시행된「장애인차별금지 및 권리구제 등에 관한 법률」(이하"장차법"제21조)및 동법 시행령 제14조에 의거하여 공공 및 민간 웹 사이트의 웹 접근성 준수가 의무화
– 장차법 시행령 제14조(정보통신•의사소통에서의 정당한 편의 제공의 단계적 범위 및 편의의 내용) 누구든지 신체적•기술적 여건과 관계없이 웹 사이트를 통하여 원하는 서비스를 이용할 수 있도록 접근성이 보장되는 웹사이트

3) 4가지 원칙

원칙	정의
인식의 용이성	글로 표현할 수 없는 콘텐츠를 제외하고 장애유형에 관계없이 모든 사용자가 콘텐츠를 인지할 수 있도록 제공해야 한다.
운용의 용이성	웹 콘텐츠에 포함된 모든 기능은 누구나 쉽게 사용할 수 있어야 한다
이해의 용이성	사용자들이 가능한 쉽게 이해할 수 있도록 콘텐츠나 제어방식을 구성해야 한다
기술적 진보성	콘텐츠는 최신 보조기술 수준에서 사용할 수 있어야 한다

4) 4가지 원칙 18개 항목

원칙	항목
인식의 용이성	− 이미지의 의미나 목적을 이해할 수 있도록 적절한 대체 텍스트를 제공해야 한다. − 배경 이미지가 의미를 갖는 경우, 배경 이미지의 의미를 이해할 수 있도록 대체 콘텐츠를 제공해야 한다. − 동영상, 음성 등 멀티미디어 콘텐츠를 이해할 수 있도록 대체 수단(자막, 원고 또는 수화)을 제공해야 한다. − 색상을 배제하여도 원하는 내용을 전달할 수 있도록, 색상 이외에도 명암이나 패턴 등으로 콘텐츠 구분이 가능해야 한다.
운용의 용이성	− 서버측 이미지 맵을 제공할 경우, 해당 내용 및 기능을 사용할 수 있는 대체 콘텐츠를 제공해야 한다. − 프레임을 제공할 경우, 해당 내용을 이해할 수 있도록 적절한 제목(title 속성)을 제공해야 한다. − 깜빡이는 콘텐츠를 제공할 경우, 사전에 경고하고 깜빡임을 회피할 수 있는 수단을 제공해야 한다. − 모든 기능을 키보드로 이용할 수 있어야 한다. − 반복되는 링크를 건너뛸 수 있도록 건너뛰기 링크(skip navigation)을 제공해야 한다. − 시간 제한이 있는 콘텐츠를 제공할 경우, 시간 제어 기능을 제공해야 한다. − 새 창(팝업창 포함)을 제공할 경우, 사용자에게 사전에 알려야 한다.
이해의 용이성	− 데이터 테이블을 제공할 경우, 테이블의 내용을 이해할 수 있는 정보(제목, 요약정보 등)을 제공해야 한다. − 데이터 테이블을 제공할 경우, 제목 셀과 내용 셀을 구분할 수 있어야 한다. − 해당 페이지를 잘 이해할 수 있도록 페이지 제목(〈title〉)을 제공해야 한다. − 콘텐츠는 논리적인 순서로 구성되어야 한다. − 온라인 서식을 제공할 경우, 레이블(〈label〉)을 제공해야 한다.
기술적 진보성	− 애플릿, 플러그인(ActiveX, 플래시) 등 부가 애플리케이션을 제공하는 경우, 해당 애플리케이션이 자체적인 접근성을 준수하거나 사용자가 대체 콘텐츠를 선택하여 이용할 수 있어야 한다. − 마크업 언어로 구현될 수 있는 기능(링크, 서식, 버튼, 페이지 제목)을 자바 스크립트로만 구현하지 말아야 한다.

한국형 웹 콘텐츠 접근성 지침 2.0 (TTAK.OT-10.003/R1, 2009.12.22)은 2008.12월 제정된 웹 접근성 관련 국제 표준인 W3C의 웹 콘텐츠 접근성 가이드라인 2.0을 국내 실정에 맞게 반영하였다. 기존 지침 1.0과 비교하여 개정된 지침에서 <u>삭제된 항목은?</u>

① 인식의 용이성 - 멀티미디어 대체 수단
② 운용의 용이성 - 키보드 접근성
③ 이행의 용이성 - 콘텐츠의 논리성
④ 이해의 용이성 - 예측가능성
⑤ 견고성 - 별도 웹사이트 구성

● 해설 : ⑤번

한국형 웹 콘텐츠 접근성 지침 2.0에서 운용의 용이성 - 이미지 웹 기법 사용제한과 견고성 - 별도 웹 사이트 구성 지침은 삭제되었음

● 관련지식 ••

• 한국형 웹 콘텐츠 접근성 지침 2.0

1) 목적
 - 장애인이 비장애인과 동등하게 웹 콘텐츠에 접근할 수 있도록 웹 콘텐츠를 제작하는 방법에 관하여 기술함
 - 웹 콘텐츠 저자, 웹 사이트 설계자 및 웹 콘텐츠 개발자들이 웹 콘텐츠를 접근성(Accessibility)을 준수하여 쉽게 만들 수 있도록 도와주기 위하여 기획됨. 즉, 이 표준은 웹 콘텐츠 저작자 및 개발자, 웹 사이트 설계자 등이 웹 콘텐츠를 접근성을 준수하여 쉽게 제작할 수 있는 지침들을 제공하는 데 그 목적을 둠

2) 추진경위
 - 2004년 12월 정보통신단체표준 '한국형 웹 콘텐츠 접근성 지침 1.0' 제정
 - 2005년 12월 국가표준 '인터넷 웹 콘텐츠 접근성 지침' 제정
 - 2009년 12월 정보통신단체표준 '한국형 웹 콘텐츠 접근성 지침 2.0' 개정
 - 원칙(Principle), 지침(Guideline), 검사항목(Requirement)의 3단계로 구성
 - 웹 접근성 제고를 위한 4가지 원칙과 각 원칙을 준수하기 위한 13개 지침 및 해당 지침의 준수여부를 확인하기 위해 22개의 검사항목으로 구성

3) 4가지 원칙
- 원칙에 맞추어 웹 콘텐츠를 제작하면, 기술적인 환경에 구애받지 않고 모든 사용자가 웹 콘텐츠의 내용을 동등하게 인식하고, 자신에게 적합한 방법으로 이를 운영하여 이해할 수 있게 됨

원칙	정의
인식의 용이성	모든 컨텐츠는 사용자가 인식할 수 있어야 한다
운용의 용이성	사용자 인터페이스 구성요소는 조작 가능하고 내비게이션할 수 있어야 한다
이해의 용이성	콘텐츠는 이해할 수 있어야 한다
견고성	콘텐츠는 미래의 기술로도 접근할 수 있도록 견고하게 만들어야 한다

4) 4가지 원칙 13개 지침

원칙	지침
인식의 용이성	1.1 (대체 텍스트) 텍스트 아닌 콘텐츠에는 대체 텍스트를 제공해야 한다 1.2 (멀티미디어 대체 수단) 동영상, 음성 등 멀티미디어 콘텐츠를 이해할 수 있도록 대체 수단을 제공해야 한다. 1.3 (명료성) 콘텐츠는 명확하게 전달되어야 한다.
운용의 용이성	2.1 (키보드 접근성) 콘텐츠는 키보드로 접근할 수 있어야 한다. 2.2 (충분한 시간 제공) 콘텐츠를 읽고 사용하는 데 충분한 시간을 제공해야 한다. 2.3 (광과민성 발작 예방) 광과민성 발작을 일으킬 수 있는 콘텐츠를 제공하지 않아야 한다. 2.4 (쉬운 내비게이션) 콘텐츠는 쉽게 내비게이션할 수 있어야 한다.
이해의 용이성	3.1 (가독성) 콘텐츠는 읽고 이해하기 쉬워야 한다. 3.2 (예측 가능성) 콘텐츠의 기능과 실행결과는 예측 가능해야 한다. 3.3 (콘텐츠의 논리성) 콘텐츠는 논리적으로 구성해야 한다. 3.4 (입력 도움) 입력 오류를 방지하거나 정정할 수 있어야 한다.
견고성	4.1 (문법 준수) 웹 콘텐츠는 마크업 언어의 문법을 준수해야 한다. 4.2 (웹 애플리케이션 접근성) 웹 애플리케이션은 접근성이 있어야 한다.

5) 22개 검사항목
- 지침을 준수하는 웹 콘텐츠는 총 22개의 검사항목을 모두 만족해야 함(필수 준수)
- 22개 항목 중 어느 하나라도 만족하지 못하면 해당 웹 컨텐츠는 '웹 접근성이 없다' 또는 '웹 접근성 지침을 준수하지 못하는 웹 콘텐츠'라고 할 수 있음

'공공부문 SW사업 발주·관리 표준 프로세스(TTAS.KO-09.0038)'에서 유지보수자는 유지보수 완료된 시스템을 기존 운영환경에서 새로운 운영환경으로 이전한다. 유지보수자가 새로운 환경으로 이전하기 위한 이전 계획을 수립할 때 고려사항이 아닌 것은?

① 이전 검증
② 이전 도구의 개발
③ 기존 환경을 위한 향후 지원
④ 기존 소프트웨어 요구사항과의 일관성 유지

● 해설 : ④번

소프트웨어 이전은 운영 환경이 변화하는 것으로 소프트웨어 기능은 변함없이 유지된다.
이전 계획 수립시에는 환경 변화에 따른 영향분석, 이전 도구, 이전 검증방법 등이 고려되어야 함.

● 관련지식 ••

• 공공부문 SW사업 발주·관리 표준 프로세스(TTAS.KO-09.0038)

1) 발주·관리 프로세스 프레임워크

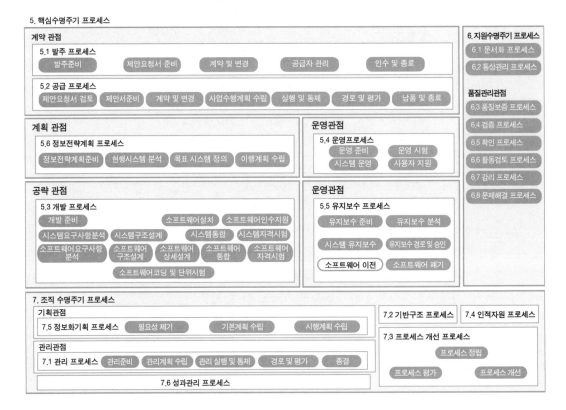

2) 유지보수 프로세스 / 소프트웨어 이전 활동

- 유지보수자는 기존 운영환경에서 새로운 운영환경으로 이전한다. 유지보수자는 개발된 소프트웨어 이외에 산출 문서 등을 포함하여 새로운 운영환경으로 이전하기 위한 계획을 수립한다. 유지보수자는 필요에 따라 신구 운영환경에서 병행운영할 수 있으며, 새로운 운영환경으로 이전함에 따른 영향을 분석한다. 또한, 이전 후에도 기존 운영환경 및 시스템과 관련된 모든 자료는 자료 보호나 감리를 위해서 접근할 수 있어야 한다.

① 소프트웨어 이전계획 수립
- 시스템 또는 소프트웨어에 대한 이전계획을 수립하고 공지한다.

② 병행운영 및 이전
- 새로운 운영환경으로의 원활한 이전을 위하여 신구 운영환경에서 병행운영할 수 있으며, 이전 활동을 모든 관련 조직에게 통보한다.

③ 이전영향 분석
- 새로운 운영환경으로의 이전에 따른 변경 영향을 평가하기 위하여 운영 사후검토를 수행한다.

K04. 조직관리론

시험출제 요약정리

1) 조직화(organizing)
   - 각 구성원들이 목표달성에 필요한 제 활동을 분류하고 감독권한을 지닌 경영자에게 그와 같이 분류된 각 활동을 할당한 후 수평적/수직적인 조정방안을 마련하는 과정
   - 주어진 현실적 조건하에서 조직목표를 달성함과 동시에 보다 능률적으로 일함으로써 개인적 만족을 얻을 수 있도록 그들 간의 효과적인 행동적 관계를 설정하는 과정

2) 조직화의 과정

   2-1) 업무 구분 → 직무 설계
      - 기업이 설정한 목표를 달성하기 위해 해야 할 업무를 구체적으로 확정하는 활동으로 구성원들이 해야 할 업무를 어떻게 구분하는가가 중요

   2-2) 부서(부문)의 결정 → 팀 구조 설계
      - 서로 유사하거나 관련이 있는 업무나 작업활동이 함께 이루어질 수 있도록 그 담당자들을 부서별로 묶게 됨

   2-3) 책임과 권한 부여
      - 담당할 부서를 결정하면, 부서 또는 부서 구성원들에게 업무수행과 관련된 책임(responsibility)과 권한(authority)도 부여

3) 조직 구성

   3-1) 중앙 집중식 팀 구성
      - 의사 결정권이 리더에게 집중
      - 계층적 팀 구조
      - 책임 프로그래머 팀
      - 특징: 의사결정이 빠름, 소규모 프로젝트에 적합
      - 단점: 한 사람의 능력과 경험이 프로젝트의 성패 좌우

3-2) 분산형 팀 구성
 - 민주주의식 의사결정
 - 특징: 작업 만족도 높으며 의사소통 활성화
 - 단점: 책임이 명확하지 않은 일이 발생하며, 의사 결정 지연

3-3) 혼합형 팀 구성
 - 집중형, 분산형의 단점을 보완. 소프트웨어 기능에 따라 계층적으로 분산
 - 특징: 초보자와 경험자를 분리
 - 단점: 의사 전달 경로가 김

기출문제 풀이

2005년 6번

프로젝트 목표를 달성하기 위하여 팀원들이 가장 효과적으로 협력할 수 있도록 팀원들이 수행해야 할 업무의 내용을 구체화하고, 또 그 직무수행에 필요한 권한과 책임을 정의하는 일련의 과정을 무엇이라고 하는가?

① 충원(staffing)　　　　　　② 직무설계
③ 팀구조설계　　　　　　　④ 조직화

● 해설 : ④번

　　조직화는 목표달성에 필요한 활동을 분류하여 팀에 할당하고 책임과 권한을 부여하는 과정

● 관련지식 ●●●

1) 조직화(organizing)
　　– 각 구성원들이 목표달성에 필요한 제 활동을 분류하고 감독권한을 지닌 경영자에게 그와 같이 분류된 각 활동을 할당한 후 수평적/수직적인 조정방안을 마련하는 과정
　　– 주어진 현실적 조건하에서 조직목표를 달성함과 동시에 보다 능률적으로 일함으로써 개인적 만족을 얻을 수 있도록 그들 간의 효과적인 행동적 관계를 설정하는 과정

2) 조직화의 과정

　2-1) 업무 구분 → 직무 설계
　　– 기업이 설정한 목표를 달성하기 위해 해야 할 업무를 구체적으로 확정하는 활동으로 구성원들이 해야 할 업무를 어떻게 구분하는가가 중요

　2-2) 부서(부문)의 결정 → 팀 구조 설계
　　– 서로 유사하거나 관련이 있는 업무나 작업활동이 함께 이루어질 수 있도록 그 담당자들을 부서별로 묶게 됨

　2-3) 책임과 권한 부여
　　– 담당할 부서를 결정하면, 부서 또는 부서 구성원들에게 업무수행과 관련된 책임(responsibility)과 권한(authority)도 부여

조직화(Organizing)는 프로젝트 목표를 달성하기 위하여 팀원들이 가장 효과적으로 협력할 수 있도록 팀원들의 업무내용을 구체화하고 직무수행에 필요한 권한과 책임을 명확하게 정의하는 과정이다. 조직화의 기본요소로 가장 거리가 먼 것은?

① 충원(Staffing)
② 책임(Responsibility)
③ 권한(Authority)
④ 직무(Job)

● 해설 : ①번

　조직화는 목표달성에 필요한 활동을 분류하여 팀에 할당하고 책임과 권한을 부여하는 과정

조직화(organizing)는 프로젝트 목표를 달성하기 위하여 팀원들이 가장 효과적으로 협력할 수 있도록 팀원들의 업무내용을 구체화하고 또 그 직무수행에 필요한 권한과 책임을 명확하게 정의하는 과정이다. 조직화의 과정으로 맞는 것은?

① 직무설계 → 팀구조 설계 → 충원
② 충원 → 팀구조 설계 → 직무설계
③ 팀구조 설계 → 충원 → 직무설계
④ 직무설계 → 충원 → 팀구조 설계

● 해설 : ①번

　조직화는 목표달성에 필요한 활동을 분류하여 팀에 할당하고 책임과 권한을 부여하는 과정이며, 직무설계 → 팀구조 설계 → 책임과 권한 부여 이후 이에 따라 충원이 이루어짐

"사람들은 외부의 통제나 위협이 없어도 조직의 목적을 위해서 자기 통제와 자기 방향성을 수립한다"는 이론과 관련이 있는 것은?

① 맥그리거의 Y 이론
② 맥클러랜드의 세 가지 욕구 이론
③ 브룸의 기대 이론
④ 허즈버그 이론

● 해설 : ①번

맥그리거의 Y이론은 인간본성에 대한 긍정적인 관점으로 자신에게 주어진 목표 달성을 위해서 스스로 지시하고 통제하며 관리해 나간다고 본다.

● 관련지식 •••

• 조직행동론 – 동기유발
  – 개인의 욕구를 만족시키는 조건하에 조직의 목표를 위해 노력하는 자발적 의지를 이끌어 내는 것임. Needs → effort → organizational goals

1) 초기 동기유발 이론: 욕구 이론

  1-1) 매슬로의 인간욕구 단계설 (Hierarchy of human needs)
    – 모든 인간에게 있어 5가지 욕구계층이 존재하며, 각 계층의 욕구가 충분히 만족된 경우 그 다음 단계의 욕구가 지배적으로 나타나게 된다.
    ① 생리적 욕구: 먹을 것, 마실 것, 쉴 곳, 성적 만족, 그리고 다른 신체적인 요구들
    ② 안전 욕구: 안전과 육체적 및 감정적인 해로움으로부터의 보호욕구
    ③ 사회적 욕구: 애정, 소속감, 받아들여짐, 우정
    ④ 자존 욕구: 자기존중, 자율성, 성취감 등과 같은 내적인 자존요인과 지위, 인정, 관심과 같은 외부적인 존경요인
    ⑤ 자아실현 욕구: 성장, 잠재력 달성, 자기충족성

  1-2) 맥그리거의 X이론/Y이론
    – 매니저들이 직원들에 대해 어떤 생각을 갖고 있는지를 조사한 결과, 인간성에 대해 긍정적으로 보는 측과 부정적으로 보는 측의 두부분으로 나뉜다는 것을 발견
    ① X 이론
      – 인간 본성에 대한 부정적인 관점

- 종업원은 선천적으로 일을 싫어하고 가능하면 피하려고 한다.
- 바람직한 목표를 달성하기 위해서는 그들은 반드시 통제되고 처벌로 위협해야 한다.
- 종업원을 책임을 회피하고 가능하면 공식적인 지시에만 따르려 한다

② Y이론
- 인간 본성에 대한 긍정적인 관점
- 종업원은 일하는 것을 휴식이나 놀이처럼 자연스러운 것으로 본다. 자신에게 주어진 목표 달성을 위해서 스스로 지시하고 통제하며 관리해 나간다.
- 보통의 인간은 책임을 받아들이고 스스로 책임을 찾아 나서기까지 한다

1-3) 허즈버그의 동기-위생 이론
- 만족의 반대는 불만족인가라는 질문에서 출발
- 만족-불만족은 연속적인 것이 아니고 별개의 차원이 있다.
- 만족을 좌우하는 요소를 동기유발자, 불만족을 좌우하는 요소를 위생요소라 함

① 동기유발자
- 성취, 인정, 일 자체, 책임감, 발전, 성장이 있으며 동기유발에 직접적으로 영향을 미침

② 위생요소
- 회사규칙과 관리, 감독, 상사와의 관계, 작업조건, 급여, 동료와의 관계, 개인생활, 부하직원과의 관계, 지위, 안전이 있으며 이들은 불만족을 야기하느냐 아니냐에만 관계할 뿐 직접적인 동기유발과는 관계가 없음

2) 최근의 동기유발 이론

2-1) 맥글러랜드의 욕구이론
- 동기유발에 관여하는 욕구에 크게 세가지가 있다고 제안함
- 사람에 따라 nAch, nPow, nAff이 각각 다르며 이들은 각기 다른 양상으로 동기부여됨

① 성취욕구(achievement need; nAch): 탁월해지고자 하는 욕망, 평균을 초과한 결과를 내고 싶어하는 것, 성공의 욕구

② 권력욕구(power need; nPow): 타인 행동에 영향을 미쳐 변화를 일으키고 싶어하는 욕구

③ 제휴욕구(affiliation need; nAff): 개인적 친밀함과 우정에 대한 욕구.

3) 동기부여의 절차를 설명하는 이론

3-1) 브롬의 기대이론
- 기울이는 노력이 높은 평가를 받을 것이 확실하다고 생각될 때,
- 그리고 인정을 받고 나면 급여 인상이나, 보너스, 승인 등으로 이어질 것으로 믿을 때,
- 그래서 자기 자신의 개인적 목표를 만족시킬 수 있다고 생각될 때 최선을 다해 열심히

해보자는 동기유발이 된다는 주장이며 세가지 관계에 주목함

① Expectancy: 노력하면 좋은 결과가 나오기는 할까? (Effort-Performance Relationship)

② Instrumentality: 좋은 성과에 맞는 보상을 받을 수 있을까? (Performance-Reward Relationship)

③ Valence: 받은 대가가 내 개인적인 목표에 맞는 것일까? (Reward-Personal goal Relationship)

'구성원의 사기와 작업 만족도를 높일 수 있고 여러 사람의 의견을 통해 바람직한 결정을 내릴 수 있는 장점이 있지만 서로 의견이 다른 경우에는 합의점을 찾는 데에 너무 많은 시간이 소요 될 위험이 있다'는 특징을 가지는 프로젝트 팀 유형은?

① 책임프로그래머 팀
② 민주적 팀
③ 계층적 팀
④ 프로그램 사서(librarian) 팀

● 해설 : ②번

민주주의식 의사결정은 구성원이 동등한 책임과 권한을 가지고 서로 협동하여 수행하는 팀으로 작업 만족도와 의사소통이 활성화되나 책임이 명확하지 않은 일이나 의사결정 지원이 발생할 수 있다.

● 관련지식 ··

1) 중앙 집중식 팀 구성

구분	내용
설명	– 의사 결정권이 리더에게 집중 – 계층적 팀 구조 – 책임 프로그래머 팀(chief programmer team) ■ 외과 수술 팀 구성에서 따옴 ■ 책임 프로그래머: 제품설계, 주요부분 코딩, 중요한 기술적 결정, 작업의 지시 ■ 프로그램 사서: 프로그램 리스트 관리, 설계 문서 및 테스트 계획 관리 ■ 보조 프로그래머: 기술적 문제에 대하여 상의, 고객/출판/품질 보증 그룹과 접촉, 부분적 분석/설계/구현을 담당 ■ 프로그래머: 각 모듈의 프로그래밍
특징	– 의사 결정이 빠름 – 소규모 프로젝트에 적합 – 초보 프로그래머를 훈련시키는 기회로 적합
단점	– 한 사람의 능력과 경험이 프로젝트의 성패 좌우 – 보조 프로그래머의 역할이 모호

구분	내용
구조	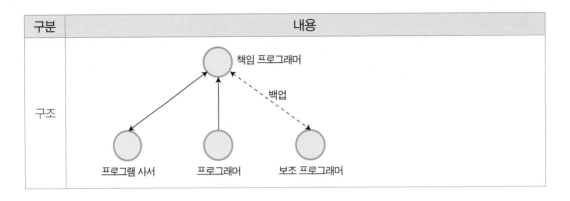

2) 분산형 팀 구성

구분	내용
설명	– 민주주의식 의사결정 ■ 서로 협동하여 수행하는 비이기적인 팀(Ego–less) ■ 자신이 있는 일을 알아서 수행 ■ 구성원이 동등한 책임과 권한 – 의사 교환 경로
특징	– 작업 만족도 높음 – 의사 교류 활성화 – 장기 프로젝트에 적합
단점	– 책임이 명확하지 않은 일이 발생 – 대규모에 적합하지 않음(의사 결정 지연 가능)
구조	

3) 혼합형 팀 구성

구분	내용
설명	– 집중형, 분산형의 단점을 보완 – 소프트웨어 기능에 따라 계층적으로 분산

구분	내용
특징	– 초보자와 경험자를 분리
특징	– 프로젝트 관리자와 고급 프로그래머에게 지휘권한이 주어짐 – 의사교환은 초보 엔지니어나 중간 관리층으로 분산
단점	– 기술인력이 관리를 담당 – 의사 전달 경로가 김
구조	

팀 구성원의 역할 중 관계 지향적 역할에 대한 설명 중 <u>가장 적절하지 않은 것은?</u>

① 팀 안에서 발생하는 갈등과 긴장을 중재하고 팀 전체의 조화를 도모한다.
② 수동적 또는 건설적으로 구성원들을 따르며 우호적 구성원으로 지낸다.
③ 팀 프로세스의 질을 평가하고, 팀 목표에 대한 질문을 하며, 이러한 목표에 따라 팀의 성과를 평가하고 적용할 기준을 제시한다.
④ 팀 문제나 목표에 대한 새로운 아이디어를 제시하거나 다른 방식을 고려하며, 절차 수정을 포함하는 어려운 점에 대한 해결책을 제시한다.

● **해설 :** ④번

④ 팀 문제나 목표에 대한 새로운 아이디어를 제시하거나 다른 방식을 고려하며, 절차 수정을 포함하는 어려운 점에 대한 해결책을 제시한다. → 과업지향적 역할

● **관련지식** ●

• **팀 구성원의 역할**

1) **과업지향적 역할: 과업관련 의사결정을 조정하고 촉진함**
   – 팀의 목표추구 및 운영상의 문제에 대해 새로운 아이디어나 대안적 방법을 제시
   – 팀의 목표달성을 위한 다양한 문제, 과업에 관련된 이슈, 목표의 구성 및 수정 등에 관련된 정보를 제공, 아이디어와 건설적 제안을 분류하고 분석, 조정
   – 아이디어 및 제안의 실용성 등에 대해 분석적으로 질문함으로써 효과적 대안 모색

2) **관계중심적 역할: 감정과 사회적 상호작용을 구축**
   – 배려와 믿음으로 구성원을 포용하여 결속력을 구축
   – 구성원들의 아이디어를 칭찬하고 수용함으로써 팀에 대한 충성과 몰입을 유도
   – 팀 내에서 발생하는 긴장과 갈등을 조정하고 중재하며 팀의 전체적 조화를 모색
   – 다양한 언어 능력과 사고 기술을 활용해 팀 구성원들의 적극적 참여를 유도
   – 팀 목표에 대해 자문하고, 팀 활동 프로세스의 내용과 질을 평가하며 이를 기초로 팀의 성과를 측정할 기준을 제시
   – 수용적인 자세와 건설적인 대안의 제시를 통해 팀 내에서 신뢰를 얻는 구성원으로 지냄

3) **자기지향적 역할: 팀의 이익을 희생시켜 자신의 이익을 지키고자 하는 자기중심적 행동**
   – 고집이 세며 비판적/감정적으로 행동하며 성찰성이 결여되어 있어 팀의 발전에 해가 됨
   – 자신의 성취를 과장해 알리기를 좋아하고 타인의 성취를 폄하함
   – 항상 자기 자신에게 주의를 집중시키려는 강한 욕구를 가짐
   – 권위의식이 강해 다른 구성원들에게 명령/통제하며, 권위에 아첨해 자신의 지위를 유지하고자 할 뿐만 아니라 다른 사람이 팀 성과에 기여하는 것을 방해함

K05. 프로젝트 관리 일반

1) 프로젝트란?
- 고유한 제품, 서비스 또는 결과를 창출하기 위하여 일과적으로 투입하는 노력

2) 프로젝트 관리란?
- 프로젝트 착수, 기획, 실행, 감시, 통제 및 종료 단계로 진행되는 프로젝트 관리 프로세스의 적용과 통합을 통해 이루어짐

3) 프로젝트 관리, 프로그램 관리, 포트폴리오 관리 사이의 관계

   3-1) 포트폴리오
   - 전략적 사업 목표를 달성하기 위해 작업을 효율적으로 관리해야 하는 프로젝트 또는 프로그램, 기타 관련 작업 모음
   - 포트폴리오에 속한 프로젝트나 프로그램들이 서로 종속 관계에 있거나 직접 연관될 필요 없음

   3-2) 포트폴리오 관리
   - 프로젝트, 프로그램, 기타 관련 작업 식별, 우선순위 지정, 승인, 관리 및 통제를 포함함
   - 자원 할당의 우선순위를 결정하고 조직의 전략과 일치하며 일관성을 유지하도록 주력함
   - 포트폴리오의 전략적 목표에 기여도가 가장 낮은 구성 요소는 제외시키기도 함

   3-3) 프로그램
   - 개별적으로 관리할 경우 확보할 수 없는 혜택과 통제를 얻기 위해 통합적인 방법으로 관리되는 관련 프로젝트들의 그룹

   3-4) 프로그램 관리
   - 프로그램에 포함된 프로젝트들은 공통 출력물이나 집합적 역량을 통해 관계가 형

성됨
- 프로젝트간의 관계가 고객, 판매자, 기술 또는 자원의 공유를 통해서만 형성되는 경우라면 포트폴리오로서 관리해야 함

4) 프로젝트관리자, 프로젝트관리오피스

4-1) 프로젝트관리자
- 프로젝트 목표를 달성할 책임을 지고 있는 관리자
- 프로젝트관리 업무
  - 요구사항 식별
  - 명확하고 달성 가능한 목표 설정
  - 품질, 범위, 시간, 원가 요구 사항 충족에 있어 균형 유지
  - 다양한 이해관계자의 서로 다른 관심 사항과 기대치에 부응하는 사양, 계획 및 접근 방식 채택

4-2) 프로젝트관리오피스(PMO)
- 해당 영역의 프로젝트를 조정된 중앙통제방식으로 관리하기 위하여 필요한 다양한 책임을 배정받은 조직 부서나 주체
- PMO가 관리하는 프로젝트는 함께 관리된다는 것 외에는 서로 무관할 수 있음

5) 프로젝트관리 프로세스 그룹
- 5가지 프로세스 그룹으로 분류
- 5가지 프로세스 그룹은 의존적인 관계를 보이며 동일한 순서로 수행됨
- 프로젝트관리 프로세스 그룹들은 각 그룹에서 산출하는 목표에 의해 서로 연결됨
- 한 프로세스 산출물이 다른 프로세스 투입물이 되거나 그 프로젝트 최종 인도물이 됨

프로세스 그룹	설명
착수프로세스 그룹	프로젝트나 프로젝트 단계를 정의한다
기획프로세스 그룹	목표를 정의하고 수정 보완하며, 프로젝트가 수행해야 할 목표 및 범위를 달성하기 위해 필요한 행동방침을 계획한다
실행프로세스 그룹	프로젝트에 소요되는 인력과 자원을 갖추고 프로젝트관리계획을 수행한다
감시 및 통제프로세스 그룹	프로젝트의 진행을 정기적으로 측정하고 감시하여 프로젝트관리계획과의 차이를 식별함으로써 프로젝트 목표를 달성하는데 필요하면 시정조치를 취할 수 있도록 한다
종료프로세스 그룹	제품, 서비스 또는 결과물의 인수를 공식화하고 프로젝트 또는 프로젝트 단계를 순서에 따라 종료시킨다

기출문제 풀이

프로젝트 계획 단계에서 고려할 사항으로 적절하지 <u>않은</u> 것은?

① 프로젝트의 요구사항을 분석하여 시스템 아키텍쳐를 정의한다.
② 프로젝트 개발 참여원들의 기술이나 경험의 증진 방법에 대하여 고려한다.
③ 프로젝트에 이용될 품질 관련 절차와 표준을 기술한다.
④ 프로젝트의 리스크를 식별, 평가, 분석한다.

● 해설 : ①번

①은 실행 프로세스 그룹에서 수행하는 활동이다.

● 관련지식 ●

• 기획 프로세스 그룹
  – 노력의 전체 범위를 설정하고, 목표를 정의 및 개정하며, 확정된 목표를 달성하기 위해 필요한 일련의 활동을 개발하는 프로세스들로 구성됨
  – 프로젝트를 수행하는 데 사용할 프로젝트 관리 계획서 및 프로젝트 문서를 개발함
  – 연동 기획 : 프로젝트 정보나 특성이 점점 더 수집되고 파악됨에 따라 프로젝트 계획이 점진적으로 구체화하는 과정, 기획과 문서화 작업은 반복적이며 지속적인 프로세스임

기획 프로세스 그룹에 속한 프로세스들

지식영역	프로세스	설명
통합관리	프로젝트 관리 계획서 개발	모든 보조 계획을 정의, 준비 및 통합하는데 필요한 조치를 문서화하는 프로세스 프로젝트를 기획, 실행, 감시 및 통제, 종료하는 방법에 관한 기본적인 정보를 제공함
범위관리	요구사항 수집	프로젝트 목표를 충족하기 위해 이해관계자의 요구사항을 정의하고 문서화하는 프로세스
	범위 정의	프로젝트와 제품에 대한 상세한 설명을 개발하는 프로세스
	작업분류체계 (WBS) 작성	프로젝트 인도물과 프로젝트 작업을 관리하기 편리한 작은 요소들로 세분하는 프로세스

지식영역	프로세스	설명
시간관리	활동 정의	프로젝트 인도물을 생성하기 위해 수행하는 특정 활동들을 식별하는 프로세스
	활동 순서배열	프로젝트 활동 사이의 관계를 식별하여 문서화하는 프로세스
	활동자원 산정	각 활동을 수행하는 데 필요한 재료, 사람, 장비 또는 공급품의 종류와 수량을 산정하는 프로세스
	활동 기간 산정	산정된 자원으로 개별 활동을 완료하는데 필요한 총 작업 기간 수를 대략적으로 추정하는 프로세스
	일정 개발	활동 순서, 기간, 자원 요구사항 및 일정 제약사항을 분석하여 프로젝트 일정을 수립하는 프로세스
원가관리	원가 산정	프로젝트 활동을 완료하는 데 필요한 금전적 자원의 근사치를 추정하는 프로세스
	예산 결정	개별 활동 또는 작업 패키지별로 산정된 원가를 합산하여 승인된 원가 기준선을 설정하는 프로세스
품질관리	품질 계획수립	프로젝트 및 제품에 대한 품질 요구사항 및/또는 표준을 확인하고, 프로젝트가 실제로 어떻게 이것을 준수할지 문서화하는 프로세스
인적자원관리	인적 자원 계획서 개발	프로젝트 역할, 책임사항, 필요한 기량, 보고 관계를 식별하여 문서화하고, 직원 관리 계획서를 작성하는 프로세스
의사소통관리	의사소통 계획수립	프로젝트 이해관계자의 정보 요구사항을 결정하고 의사소통 방식을 정의하는 프로세스
리스크관리	리스크 관리 계획수립	프로젝트에 대한 리스크 관리 활동을 수행하는 방법을 정의하는 프로세스
	리스크 식별	프로젝트에 영향을 미칠 수 있는 리스크를 식별하고 리스크별 특성을 문서화하는 프로세스
	정성적 리스크 분석수행	리스크의 발생 확률과 영향력을 평가하고 결합함으로써 추가적인 분석이나 조치를 위하여 리스크의 우선순위를 지정하는 프로세스
	정량적 리스크 분석 수행	확인된 리스크가 전체 프로젝트 목표에 미치는 영향을 수치로 분석하는 프로세스
	리스크 대응 계획수립	프로젝트 목표에 대한 기회를 증대시키고 부정적인 요인을 경감시킬수 있도록 선택 가능한 대안과 조치를 개발하는 프로세스
조달관리	조달 계획수립	프로젝트 구매 결정 사항을 문서화하고, 구매방식을 구체화하고 잠재적인 판매자를 식별하는 프로세스

2004년 3번

시스템 개발 프로젝트의 작업 단계와 산출물은 언제 결정되는 것이 적합한가?

① 프로젝트 초기 계획 단계 동안
② 초기 계획이 마무리되고, 작업 시작 전에
③ 위험을 기초로 하여 산출물이 결정되는 작업단계 동안
④ 모든 위험이 파악되고 감리인이 적절한 통제를 권고한 후에

● 해설 : ①번

프로젝트 초기 기획 프로세스 단계에서
- 프로젝트 노력의 전체 범위를 설정하고, 목표를 정의 및 개정하며, 확정된 목표를 달성하기 위해 필요한 일련의 활동을 개발하는 프로세스들로 구성되며,
- 프로젝트를 수행하는 데 사용할 프로젝트 관리 계획서 및 프로젝트 문서를 개발함
- 프로젝트 관리 계획서와 프로젝트 문서들은 범위, 시간, 원가, 품질, 의사소통, 리스크 및 조달의 모든 측면을 다룬다.

2006년 6번

소프트웨어 개발 프로젝트 계획에 꼭 포함되어야 할 내용과 <u>가장 거리가 먼 것은?</u>

① 프로젝트 소요 자원   ② 프로젝트 견적 방법
③ 자원 사용 방법   ④ 프로젝트 수행 방법

● 해설 : ②번

② 프로젝트 견적방법은 프로젝트 실행 지시 및 관리단계에서 프로젝트 조달관리 지식영역의 – 판매자응답 요청 프로세스에서 잠재 판매자로부터 프로젝트 요구사항을 어떻게 충족할 수 있는지에 대한 입찰서 및 제안서, 견적서를 요청함

조직은 정해진 목표를 달성하기 위하여 작업을 수행한다. 작업은 프로젝트와 운영작업(Operation)으로 구분할 수 있다. 그러나 두 가지가 경우에 따라 중첩되기도 하는데, 프로젝트와 운영작업의 공통적인 특성이 <u>아닌</u> 것은?

① 사람에 의하여 수행됨
② 자원이 제약됨
③ 계획, 실행, 통제됨
④ 지속적이며 반복적임

● 해설 : ④번

프로젝트와 운영 작업은 모든 조직의 목표 달성을 위하여 수행되는 활동이지만 프로젝트는 한시적인 노력이며 운영 작업은 지속적 노력이다.

● 관련지식 •••

• 프로젝트 관리 및 운영관리의 차이

프로젝트 관리	운영 관리
고유한 제품, 서비스 또는 결과를 창출하기 위하여 일과적으로 투입하는 노력	동일한 제품을 생산하거나 반복적 서비스를 제공하는 활동을 지속적으로 수행
프로젝트 관리가 필요함	업무 프로세스 관리나 운영 관리가 필요함
한시적 노력	지속적 노력

• 프로젝트 관리와 운영관리의 관계
　– 제품 생애주기 동안 다양한 시점에서 운영과 교차될 수 있다
　　■ 각 종료 단계
　　■ 신제품 개발, 제품 업그레이드 또는 결과물 확장 시점
　　■ 운영 개선 또는 제품 개발 프로세스
　　■ 제품 생애 주기 끝인 운영이 마감되는 시점
　– 각 시점에서, 인도된 작업을 구현하기 위해 프로젝트 관리와 운영 관리 사이에 인도물과 지식이 이전된다
　　■ 프로젝트 종료시 프로젝트 자원을 운영으로 이관
　　■ 프로젝트 개시 시 운영 자원을 프로젝트로 이관

다음 중 프로젝트 속성으로서 상호간에 상충관계(Trade-off)를 가지며, 품질에 영향을 미치는 3중 제약(Triple Constraints)이 <u>아닌 것은?</u>

① 리스크   ② 일정   ③ 범위   ④ 원가

● 해설 : ①번

- 3중 제약(Triple Constraints)
  - 프로젝트 범위, 시간, 원가의 제약
  - 세 가지 요소 사이의 균형이 품질에 영향을 미침
  - 세 가지 요소는 한 가지가 변경될 경우 나머지 요소 중 적어도 하나는 영향을 받을 수 있는 관계를 형성하고 있음

정보기술 프로젝트 포트폴리오에 대한 설명 중 **틀린 것은?**

① 효과적인 관리를 위하여 그룹화된 프로젝트들의 집합이다.
② 전략적 사업목적을 효율적으로 달성하기 위하여 구성된다.
③ 포트폴리오 내의 프로젝트들은 서로 직접 연관되어 있다.
④ 자금 및 지원은 위험/보상, 프로젝트 유형에 따라 할당될 수 있다.

● 해설 : ③번

포트폴리오는 전략적 사업 목표를 달성하기 위해 효율적으로 관리해야 하는 프로젝트들의 집합
으로 포트폴리오 내의 프로젝트들이 서로 직접 연관될 필요 없음

● 관련지식 ●

• 포트폴리오
 - 전략적 사업 목표를 달성하기 위해 작업을 효율적으로 관리해야 하는 프로젝트 또는 프로그
   램, 기타 관련 작업 모음
 - 포트폴리오에 속한 프로젝트나 프로그램들이 서로 종속 관계에 있거나 직접 연관될 필요 없
   음

• 포트폴리오 관리
 - 프로젝트, 프로그램, 기타 관련 작업의 식별, 우선순위 지정, 승인, 관리 및 통제를 포함함
 - 자원 할당의 우선순위를 결정하고 조직의 전략과 일치하며 일관성을 유지하도록 주력함
 - 포트폴리오의 전략적 목표에 기여도가 가장 낮은 구성 요소는 제외시키기도 함

프로젝트관리 전문조직(PMO : Project Management Office)에 대한 설명 중 <u>가장 거리가 먼 것</u>은?

① 프로젝트를 중앙집중식으로 관리하는 조직이다.
② 각 프로젝트의 계획, 우선순위 부여, 실행을 조정한다.
③ 프로젝트를 조직 또는 고객의 업무 목적에 정렬시킨다.
④ PMO가 관리하는 프로젝트들은 서로 긴밀하게 관련되어 있다.

● 해설 : ④번

PMO는 기업의 목표 달성을 촉진시킬수 있도록 여러 프로젝트를 중앙통제방식으로 관리하나, 프로젝트는 함께 관리된다는 것 외에는 서로 무관할 수 있음

● 관련지식 ●●

• **프로젝트 관리 오피스(PMO)**
  – 해당 영역의 프로젝트를 조정된 중앙통제방식으로 관리하기 위하여 필요한 다양한 책임을 배정받은 조직 부서나 주체
  – PMO가 관리하는 프로젝트는 함께 관리된다는 것 외에는 서로 무관할 수 있음
  – 경우에 따라 PMO가 각 프로젝트의 시작 단계에서 핵심 이해관계자나 의사결정자 역할을 수행할 수 있고, 권고안을 제시하고, 프로젝트를 중간하거나, 비즈니스 목표의 일관성을 유지하는데 필요한 그 밖의 조치를 수행할 수 있음
  – PMO의 주요 기능
    ■ PMO가 관리하는 모든 프로젝트 전반에 걸친 공유 자원 관리
    ■ 프로젝트 관리 방법론, 모범적 실무관행, 표준의 식별 및 개발
    ■ 지도, 편달, 교육 및 감독
    ■ 프로젝트 감사를 통해 프로젝트 관리 표준 정책, 절차 및 템플릿의 준수 여부 감시
    ■ 프로젝트 정책, 절차, 템플릿 및 기타 공유 문서의 개발 및 관리
    ■ 프로젝트간 정보 교환 조정

• **프로젝트 관리자와 프로젝트 관리 오피스(PMO)의 차이점**
  – 프로젝트관리자와 PMO는 서로 다른 목표를 추구하며, 업무적 요구사항도 다름
  – 그러나, 모두 조직의 전략적 요구사항에 맞춰짐

프로젝트 관리자	프로젝트 관리 오피스(PMO)
프로젝트에 주어진 제약 내에서 프로젝트 목표를 달성하는 일을 책임	기업전체의 목표가 포괄될 수 있는 특정한 사명을 부여받은 조직 단위
지정된 프로젝트 목표에 중점	주요 프로그램 범위 변경을 관리하며 그러한 변경을 기업의 목표 달성을 촉진시킬 잠재적 기회로 인식할 수 있음
프로젝트 목표를 최적수준으로 달성할 수 있도록 할당받은 프로젝트 자원을 통제	모든 프로젝트 전반에 공유된 전사적 자원의 활용도를 최적화
작업 패키지의 결과물 범위, 일정, 원가 및 품질을 관리	프로젝트 사이의 전반적 위험, 기회 및 상호 의존성 등을 관리
프로젝트 프로세스 및 기타 프로젝트 관련 정보를 보고	전사적 측면에서 통합된 보고와 전체 프로젝트 개요를 제공

2010년 9번

해당 영역에 있는 프로젝트들을 집중화하고 통합 관리하는 것과 관련된 다양한 책임을 할당받은 조직 부서 또는 주체를 무엇이라 하는가?

① 포트폴리오 관리자
② 프로그램 관리자
③ 프로젝트 관리 오피스
④ 프로젝트 관리자

● 해설 : ③번

프로젝트 관리 오피스(PMO)는 프로젝트를 조정된 중앙통제방식으로 관리하기 위하여 필요한 다양한 책임을 배정받은 조직 부서나 주체를 말한다.

2007년 17번

다음 중 프로젝트 관리자의 역할과 <u>가장 거리가 먼 것은?</u>

① 팀원들의 기술적 문제 해결
② 팀원들의 동기부여 및 역량 향상
③ 사용자 및 이해관계자들과의 충분한 의사소통
④ 프로젝트 계획의 입안 및 실시와 평가

● 해설 : ①번

프로젝트 관리자가 팀원들의 기술적 문제를 직접 해결하기 보다 기술적 문제를 해결할 수 있도록 격려 및 지원함

● 관련지식 ●●

• 프로젝트관리자
  – 프로젝트 목표를 달성할 책임을 지고 있는 관리자
  – 프로젝트관리 업무
    ■ 요구사항 식별
    ■ 명확하고 달성 가능한 목표 설정
    ■ 품질, 범위, 시간, 원가 요구 사항 충족에 있어 균형 유지
    ■ 다양한 이해관계자의 서로 다른 관심 사항과 기대치에 부응하는 사양, 계획 및 접근 방식 채택

프로젝트 관리 기능 중 통제에 대한 설명이 <u>틀린</u> 것은?

① 통제는 목표가 이루어지는 과정의 평가와 남아있는 일을 평가하며, 목표달성을 위해 올바른 조치들을 파악하는 단계이다.
② 일정과 비용에 대한 통제는 수행이 가능하나, 자원의 통제는 불가능하다.
③ 시점별로 구분한 통제의 유형은 예방통제, 검출통제, 교정통제가 있다.
④ 진행과정에 대한 정보수집 및 진행과정을 측정하는 보고서를 작성한다.

● 해설 : ②번

PMBOK 4th Edition 이전에는 프로젝트 팀 관리가 감시 및 통제 프로세스 그룹에 속하여 범위, 일정, 비용뿐만 아니라 자원에 대한 통제가 이루어진다고 보았으나, PMBOK 4th Edition에서 프로젝트 팀 관리가 통제 프로세스에서 실행 프로세스로 변경됨

● 관련지식 ●●

• 감시 및 통제프로세스 그룹
  – 프로젝트의 진행과 성과를 추적, 검토 및 조절하고, 계획 변경이 필요한 영역을 식별하고, 해당 변경을 착수하는 데 필요한 프로세스들로 구성
  – 프로젝트 성과를 정기적으로 꾸준하게 관찰하고 측정하여 프로젝트 관리 계획서로부터 차이를 식별
  – 프로젝트 전반의 노력도 감시하고 통제함

• 감시 및 통제 프로세스 그룹에 속한 프로세스들

지식영역	프로세스	설명
통합관리	프로젝트 작업 감시 및 통제	프로젝트 관리 계획서에 정의된 성과 목표를 달성하기 위해 프로젝트 진행을 추적하고, 검토하고 조정하는 프로세스
	통합 변경 통제 수행	모든 변경 요청을 검토하고, 변경사항을 승인하고, 인도물, 조직 프로세스 자산, 프로젝트 문서, 프로젝트 관리 계획서에 대한 변경을 관리하는 프로세스
범위관리	범위 검증	완료된 프로젝트의 인도물의 인수를 공식화하는 프로세스
	범위 통제	프로젝트 및 제품 범위의 상태를 감시하고 범위 기준선에 대한 변경을 관리하는 프로세스
시간관리	일정 통제	프로젝트의 상태를 감시하여 프로젝트의 진행을 업데이트하고 일정 기준선에 대한 변경을 관리하는 프로세스

지식영역	프로세스	설명
원가관리	원가 통제	프로젝트의 상태를 감시하여 프로젝트 예산을 업데이트하고 원가 기준선에 대한 변경을 관리하는 프로세스
품질관리	품질 통제 수행	품질 보증 활동의 실행 결과를 감시하고 기록하면서 성과를 평가하고 필요한 변경 권고안을 제시하는 프로세스
의사소통관리	성과 보고	상태 보고, 진행 측정, 예측치 등의 성과 정보를 수집하고 배포하는 프로세스
리스크관리	리스크 감시 및 통제	프로젝트 전반에서 리스크 대응 계획을 구현하고, 식별된 리스크를 추적하고, 잔존 리스크를 감시하고, 새로운 리스크를 식별하고, 리스크 처리를 평가하는 프로세스
조달관리	조달 관리	조달 관계를 관리하고, 계약의 이행을 감시하고 필요한 사항을 변경 및 수정하는 프로세스

2007년 24번

PMI(Project Management Institute)에서 제시하는 9개의 프로젝트관리 영역 중에서 통제 기능이 없는 영역은?

① 품질관리   ② 위험관리
③ 인적자원관리   ④ 범위관리

● 해설 : ③번

9개 프로젝트관리 영역 중 **통합, 범위, 시간, 원가, 품질, 리스크관리에 통제기능이 존재함**
통합관리 – 프로젝트 작업 감시 및 통제
범위관리 – 범위 통제
시간관리 – 일정 통제
원가관리 – 원가 통제
품질관리 – 품질 통제 수행
리스크관리 – 리스크 감시 및 통제

2008년 16번

PMBoK(2004) 프로젝트 관리 지식영역의 프로젝트관리 프로세스들을 5개의 프로세스 그룹으로 분류할 수 있다. 다음 중 가장 많은 프로세스들이 포함된 프로세스 그룹은?

① 착수(Initiating) 프로세스 그룹
② 계획(Planning) 프로세스 그룹
③ 실행(Executing) 프로세스 그룹
④ 감시 및 통제(Monitoring and Controlling) 프로세스 그룹

● 해설 : ②번

PMBOK 4th Edition 기준으로 총 5개의 프로세스 그룹이 있으며, 계획 프로세스 그룹이 가장 많은 프로세스를 포함하고 있음(총 20개)

※ 프로세스 그룹별 프로세스 수

착수	기획	실행	감시 및 통제	종료	전체
2	20	8	10	2	42

● 관련지식 ••

• 프로젝트관리 프로세스 그룹
  – 5가지 프로세스 그룹으로 분류
  – 5가지 프로세스 그룹은 의존적인 관계를 보이며 동일한 순서로 수행됨
  – 개별 프로세스 그룹과 그 안의 프로세스들은 프로젝트가 완료되기까지 반복적으로 진행됨
  – 프로세스 또한 하나의 프로세스 그룹 내에서 혹은 여러 프로세스 그룹 사이에서 상호 작용함
  – 프로젝트관리 프로세스 그룹들은 각 그룹에서 산출하는 목표에 의해 서로 연결됨
  – 한 프로세스 산출물이 다른 프로세스 투입물이 되거나 그 프로젝트 최종 인도물이 됨

프로세스 그룹	설명
착수프로세스 그룹	프로젝트나 프로젝트 단계를 정의한다
기획프로세스 그룹	목표를 정의하고 수정 보완하며, 프로젝트가 수행해야 할 목표 및 범위를 달성하기 위해 필요한 행동방침을 계획한다
실행프로세스 그룹	프로젝트에 소요되는 인력과 자원을 갖추고 프로젝트관리계획을 수행한다
감시 및 통제프로세스 그룹	프로젝트의 진행을 정기적으로 측정하고 감시하여 프로젝트관리계획과의 차이를 식별함으로써 프로젝트 목표를 달성하는데 필요하면 시정조치를 취할 수 있도록 한다

프로세스 그룹	설명
종료프로세스 그룹	제품, 서비스 또는 결과물의 인수를 공식화하고 프로젝트 또는 프로젝트 단계를 순서에 따라 종료시킨다

프로젝트관리 프로세스 연계

지식 영역	프로세스 그룹				
	착수	기획	실행	감시 및 통제	종료
통합	1. 프로젝트 헌장 개발	2. 프로젝트 관리 계획서 개발	3. 프로젝트 실행 지시 및 관리	4. 프로젝트 작업 감시 및 통제 5. 통합 변경 통제 수행	6. 프로젝트 또는 단계 종료
범위		1. 요구사항 수집 2. 범위 정의 3. 작업 분류 체계 (WBS) 작성		4. 범위 검증 5. 범위 통제	
시간		1. 활동 정의 2. 활동 순서 배열 3. 활동 자원 산정 4. 활동 기간 산정 5. 일정 개발		6. 일정 통제	
원가		1. 원가 산정 2. 예산 결정		3. 원가 통제	
품질		1. 품질 계획수립	2. 품질 보증 수행	3. 품질 통제 수행	
인적 자원		1. 인적 자원 계획서 개발	2. 프로젝트 팀 확보 3. 프로젝트 팀 개발 4. 프로젝트 팀 관리		
의사 소통	1. 이해관계자 식별	2. 의사소통 계획수립	3. 정보 배포 4. 이해관계자 기대 사항 관리	5. 성과 보고	
위험		1. 리스크 관리 계획수립 2. 리스크 식별 3. 정성적 리스크 분석 수행 4. 정량적 리스크 분석 수행 5. 리스크 대응 계획수립		6. 리스크 감시 및 통제	
조달		1. 조달 계획수립	2. 조달 수행	3. 조달관리	4. 계약종료

행렬 조직(matrix organization) 중 프로젝트 관리자(project manager)의 역할이 <u>거의 없는 조직</u>
<u>형태는?</u>

① 혼합 조직(composite organization)
② 약한 행렬 조직(weak matrix organization)
③ 강한 행렬 조직(strong matrix organization)
④ 균형 행렬 조직(balanced matrix organization)

● 해설 : ②번

매트릭스 조직은 기능조직과 프로젝트 전담조직의 특성이 혼합된 형태로 프로젝트 관리자의 역
할은 약한 → 균형 → 강한 순으로 높아짐

● 관련지식 ●●●

• 프로젝트 관리에 대한 조직의 영향
  – 조직구조는 자원 가용성과 프로젝트의 수행방법에 영향을 미칠 수 있는 기업환경요인임
  – 매트릭스 조직은 기능조직과 프로젝트 전담조직의 특성이 혼합된 형태
    ■ 약한 매트릭스: 기능 조직의 특성을 많이 가지며, 프로젝트의 관리자의 역할이 순수한 프
      로젝트 관리자보다 통합자나 촉진자의 역할이 더 많다.
    ■ 강한 매트릭스: 프로젝트화된 조직의 특성을 많이 가지며, 상당한 권한을 가진 전임 프로
      젝트 관리자와 프로젝트 행정 업무를 전담하는 직원을 가질 수 있다.
    ■ 균형 매트릭스: 프로젝트 관리자의 필요성은 인정하지만 프로젝트 및 프로젝트 자금 조달
      에 대한 전권을 프로젝트 관리자에게 제공하지 않음

조직 구조 / 프로젝트 특성	기능조직	매트릭스			프로젝트 전담조직
		약한 매트릭스	균형 매트릭스	강한 매트릭스	
프로젝트 관리자의 권한	적거나 없음	제한적	낮음–보통	보통–높음	높음–거의 전체
자원의 가용성	거의 또는 전혀 없음	제한적	낮음–보통	보통–높음	높음–거의 전체
프로젝트 예산 통제자	기능 관리자	기능 관리자	혼합형	프로젝트 관리자	프로젝트 관리자
프로젝트 관리자의 역할	시간제	시간제	종일제	종일제	종일제
프로젝트 관리 업무 담당자	시간제	시간제	시간제	종일제	종일제

다음 중 프로젝트의 책임 및 권한 소재가 명확하고 신속한 의사결정이 가능하며 인력에 대한 동기부여가 원활하고 단일 보고체제를 가지는 장점이 있지만 조직을 신설해야 하는 단점을 가진 조직형태는 무엇인가?

① 계층 조직　　　　　　② 프로젝트 조직
③ 매트릭스 조직　　　　④ 기능 조직

● 해설 : ②번

프로젝트 조직은 새로운 조직을 신설하여 프로젝트 시작에서 개발 완료까지 전담팀을 구성하여 프로젝트 관리자에게 상당한 독립성과 권한이 있는 조직 구성임

● 관련지식 ••

1) 기능별 조직

구분	내용
특징	– 업무내용이나 기능이 유사한 것끼리 묶는 조직형태 – 각 직원에 직속 상관이 한 명씩 있는 계층 구조 조직 – 직원들의 전문성에 따라 분류
장점	– 각 부서에 맞는 업무를 일관성 있게 배정 가능, 업무수행능력이 우수하다 – 자원의 효율적인 활용으로 규모의 경제를 기할 수 있다
단점	– 각 기능부서간에 의사소통이 어려워 문제해결이 어렵다 – 자기부서 이기주의에 빠지기 쉬우며, 환경변화에 신속히 대응하지 못한다

2) 매트릭스 조직

구분	내용
특징	– 기능조직과 프로젝트 전담조직의 특성이 혼합된 형태 – 요원들은 고유 관리 팀과 기능 조직에 동시에 관련 – 필요에 따라 요원을 차출하여 팀을 구성하고 끝나면 원래의 소속으로 복귀
장점	– 기능부서간 유기적인 협조가 이루어져 조직 운영, 문제해결에 도움이 된다 – 정보의 공유로 팀 수준에서 문제해결시보다 양호한 의사결정이 가능하다
단점	– 명령계통에 혼란이 와서 일의 우선순위 곤란을 겪을 수 있다 – 팀 미팅으로 시간이 많이 낭비, 비용이 많이 든다

3) 프로젝트화된 조직

구분	내용
특징	– 특정 과제나 목표를 달성하기 위해 구성하는 임시조직. 보완적 조직 – 팀원이 공동 배치되고, 조직 자원의 대부분이 프로젝트 작업에 투입되며, 프로젝트 관리자가 상당한 독립성과 권한을 행사함 – 부서라는 조직 단위가 있어 프로젝트 관리자에게 직접 보고하거나 여러 프로젝트에 지원 서비스를 제공함 – 프로젝트 시작에서 개발 완료까지 전담 팀
장점	– 비교적 조직의 인력운영에 유연성을 확보할 수 있다 – 목표달성 여부를 확실히 알 수 있다
단점	– 일시적인 조직이므로 원래 소속되어 있는 부서와의 관계 설정이 모호할 수 있다 – 여러 부서에서 차출된 사람들로 구성되어 있어서 팀내의 조화 및 유효성 유지가 어려움. 팀장의 능력과 역할에 팀의 성과가 의존적이다

2006년 17번

다음 중 직능식 조직 구조(Functional Organization)의 장점이 <u>아닌 것은?</u>

① 고객중심의 활동수행 가능
② 자원의 효율적 활용
③ 심도있는 기술훈련과 기술개발
④ 고도의 기술적 문제해결 능력

● 해설 : ①번

기능 조직은 직원들의 전문성에 따라 분류한 조직형태로 고도의 기술적 문제해결 능력을 가지고 있으며 자원의 효율적인 활용으로 규모의 경제를 기할 수 있으나, 고객 중심의 활동수행이 어려우며, 환경변화에 신속하게 대응하지 못하는 단점이 존재함

2008년　20번

최근에 소프트웨어 프로젝트의 규모와 복잡도가 증가하는 추세에 있으며 다국적화, 다분야화로 인해 더욱 더 효과적인 관리를 위한 프로젝트 조직 구조가 필요하다. 아래 조직 구조 중 이러한 복잡한 프로젝트 수행에 효과적인 형태는?

① 기능 조직(Functional Organization)
② 매트릭스 조직(Matrix Organization)
③ 프로젝트 조직(Projectized Organization)
④ 수평 조직(Horizontal Organization)

● 해설 : ②번

다국적화, 다분야화 등의 복잡한 프로젝트를 수행할 때 효과적인 조직형태는 기능조직과 프로젝트 전담조직의 특성이 혼합된 매트릭스 조직 형태가 적합하다. 다각적인 협력이 필요하고 고도로 전문화된 인력이 필요한 경우에 효과적임

2010년　23번

매트릭스 조직의 약점이라고 보기에 가장 적절하지 않은 것은?

① 조직 구성원이 이중권한 구조에 혼란과 어려움을 겪을 수 있다.
② 대인 상호 간 갈등 해결을 위한 광범위한 교육훈련 비용이 소요된다.
③ 다양한 제품을 가진 중소기업에는 적용하기 어렵다.
④ 갈등 해결과 잦은 회의 등 시간이 소모될 수 있다.

● 해설 : ③번

매트릭스 조직은 제품별 조직과 기능별 조직을 결합하여 이중의 명령체계와 책임, 평가 및 보상체계를 갖는 형태로 고객들의 다양한 요구에 부응하며 융통성을 가지는 장점을 가지나 이중의 명령구조로 기능부문과 프로그램 부문간의 갈등 가능성이 있음

프로젝트 생애 주기 구조를 설명한 것 중 설명이 가장 적절하지 않은 것은?

① 원가 및 인력수준은 개시 단계에서 가장 높고 작업이 진행되면서 점차 낮아진다.
② 이해관계자의 영향력, 리스크는 프로젝트 개시 단계에서 가장 크다.
③ 프로젝트가 완성단계로 접근할수록 변경 및 오류 정정비용이 크게 증가한다.
④ 원가에 크게 영향을 주지 않고 프로젝트 제품의 최종 특성에 영향을 미칠 수 있는 요소는 프로젝트 개시 단계에서 가장 크다.

● 해설 : ①번

원가 및 인력수준은 초기에는 낮고, 중간단계에서 절정, 프로젝트 종료 즈음 급격히 감소함

● 관련지식 ••

- 프로젝트 생애주기
    - 다양한 크기와 복잡성에 관계없이 모든 프로젝트는 프로젝트 개시 → 구성 및 준비 → 프로젝트 작업 수행 → 프로젝트 종료의 생애주기를 가짐
    - 원가 및 인력 투입 수준은 초기에는 낮고, 중간 단계에서 절정, 프로젝트 종료 즈음 급격히 감소
    - 이해관계자 영향력, 리스크, 불확실성은 개시단계에서 가장 높으며, 프로젝트 생애를 거치면서 감소
    - 프로젝트가 완성단계로 접근하면서 변경 및 오류 정정 비용이 크게 증가

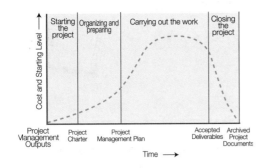

프로젝트 생애주기 전반의
일반적인 프로젝트 원가 및 인력 투입 수준

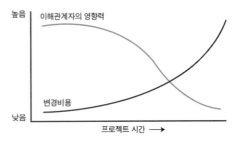

프로젝트 시간 경과에 따른 변수의 영향

K06. 통합관리

시험출제 요약정리

1) 프로젝트 통합관리
  - 프로젝트 관리 프로세스 그룹 내에서의 여러가지 프로세스와 프로젝트 관리 활동을 식별, 정의, 결합, 통합 및 조정하는데 필요한 프로세스와 활동이 포함됨
  - 자원 할당과 관련하여 결정을 내리고, 여러가지 상충되는 목표와 대안들을 절충하고, 프로젝트 관리 지식 영역간 상호 의존성을 관리하는 일을 포함함
  - 주로 사용되는 도구 및 기법은 전문가 판단, 프로젝트 관리 정보시스템, 변경통제회의 임

순서	프로세스	설명
1	프로젝트 헌장 개발	프로젝트 또는 단계를 공식적으로 승인하는 문서를 작성하고, 이해관계자의 요구와 기대치를 충족하기 위한 초기 요구사항을 문서화하는 프로세스
2	프로젝트 관리 계획서 개발	모든 보조 계획을 정의, 준비, 통합 및 조정하는 데 필요한 조치를 문서화하는 프로세스
3	프로젝트 실행 지시 및 관리	프로젝트의 목표를 달성하기 위해 프로젝트관리계획서에 정의된 작업을 수행하는 프로세스
4	프로젝트 작업 감시 및 통제	프로젝트관리계획서에 정의된 성과 목표에 부합하도록 프로젝트 진행을 추적하고, 검토하며, 조정하는 프로세스
5	통합 변경 통제 수행	모든 변경 요청을 검토하고, 변경사항을 승인하며, 인도물, 조직 프로세스 자산, 프로젝트 문서, 프로젝트 관리 계획서에 대한 변경을 관리하는 프로세스
6	프로젝트 또는 단계 종료	프로젝트 또는 단계를 공식적으로 완료하기 위해 전체 프로젝트 관리 프로세스 그룹에 속한 모든 활동을 종결하는 프로세스

2) 소프트웨어 형상관리

  2-1) 형상관리의 정의
    - 소프트웨어 Life Cycle 단계의 산출물을 체계적으로 관리하여, 소프트웨어 가시성 및 추적성을 부여하여 품질보증을 향상시키는 기법

2-2) 형상 항목 (Configuration Item)

- 소프트웨어 개발 생명주기 중 공식적으로 정의되어 기술되는 관리 기본 대상
  - 기술문서 : 분석/설계 관련 산출물, 각종 매뉴얼 등
  - 개발 Tool : 컴파일러, 링커, 함수/라이브러리 등
  - Source Code : Source Module, JCL, Compile Option, Object Module, Load Module, 실행파일
  - 테스트성과물 : 테스트 데이터, 테스트 환경, 테스트 결과

2-3) 형상 관리 활동

활동	설명
형상식별	형상 항목의 선정 및 식별은 제품 형상을 정의 및 검증하고, 제품과 문서를 분류하고, 변경을 관리하고, 책임성을 유지하는데 적용할 기준을 제공함
형상 상태 결산	정보를 기록하여 보존하다가 형상 항목 관련 자료를 제공해야 할 때 보고한다. 이러한 정보에는 승인된 형상 식별 목록, 형상에 제안된 변경 상태, 승인된 변경의 구현 상태가 포함됨
형상검증 및 감사	형상 검증 및 형상 감사를 통해 프로젝트 형상항목의 구성이 정확한지, 그리고 해당 변경이 등록, 평가, 승인 및 추적되고 올바로 구현되는지 확인함. 형상 문서에 정의된 기능 요구사항을 충족했는지 여부도 확인함

3) 프로젝트 추적(Project Tracking)

- 개발할 S/W는 눈에 보이지 않기 때문에, 프로젝트에서 S/W 개발에 대한 가시성을 획득하기 위해서는 개발 활동의 결과를 관찰함으로써 가능하다. 즉, 프로젝트 관리자에게 프로젝트에 대한 적절한 가시성을 제공하는 것이 프로젝트 추적의 근본 목적이다.
- 프로젝트에 대한 적절한 가시성을 획득하기 위해서는 우선 프로젝트 규모, 공수, 일정, 결함 등 프로젝트의 현재 상태에 대한 데이터 측정이 필수적이다.

3-1) 추적 데이터

구분	추적 데이터
일정	진척도, 코딩건수, 테스트 건수 등
인원	투입인원 M/M, 프로그램 본수
품질	결함유형
리스크	이슈 건수, 리스크 건수
범위	요구사항 건수

기출문제 풀이

프로젝트의 통합 · 조정을 위하여 일반적으로 활용되는 기법 중 틀린 것은?

① 업무권한부여시스템 (work authorization system)
② 변화통제시스템 (change control system)
③ 형상 관리 (configuration management)
④ 비용효과분석 (cost/benefit analysis)

● 해설 : ④번

프로젝트 통합관리에서 활용되는 도구 및 기법에 대한 질문사항임
  ④ 비용효과분석은 품질관리 – 품질 계획수립의 도구 및 기법임

● 관련지식 ••

• 프로젝트 통합관리
  – 프로젝트 관리 프로세스 그룹 내에서의 여러가지 프로세스와 프로젝트 관리 활동을 식별,
    정의, 결합, 통합 및 조정하는데 필요한 프로세스와 활동이 포함됨
  – 자원 할당과 관련하여 결정을 내리고, 여러가지 상충되는 목표와 대안들을 절충하고, 프로
    젝트 관리 지식 영역간 상호 의존성을 관리하는 일을 포함함
  – 주로 사용되는 도구 및 기법은 전문가 판단, 프로젝트관리 정보시스템, 변경통제회의 임

순서	프로세스	설명
1	프로젝트 헌장 개발	프로젝트 또는 단계를 공식적으로 승인하는 문서를 작성하고, 이해관계자의 요구와 기대치를 충족하기 위한 초기 요구사항을 문서화하는 프로세스
2	프로젝트관리 계획서 개발	모든 보조 계획을 정의, 준비, 통합 및 조정하는 데 필요한 조치를 문서화하는 프로세스
3	프로젝트실행 지시 및 관리	프로젝트의 목표를 달성하기 위해 프로젝트관리계획서에 정의된 작업을 수행하는 프로세스
4	프로젝트작업 감시 및 통제	프로젝트관리계획서에 정의된 성과 목표에 부합하도록 프로젝트 진행을 추적하고, 검토하며, 조정하는 프로세스

순서	프로세스	설명
5	통합 변경 통제 수행	모든 변경 요청을 검토하고, 변경사항을 승인하며, 인도물, 조직 프로세스 자산, 프로젝트 문서, 프로젝트 관리 계획서에 대한 변경을 관리하는 프로세스
6	프로젝트 또는 단계 종료	프로젝트 또는 단계를 공식적으로 완료하기 위해 전체 프로젝트 관리 프로세스 그룹에 속한 모든 활동을 종결하는 프로세스

- 작업승인 시스템 / Work Authorization System
  - 전체 프로젝트관리 시스템에 속한 하위 시스템
  - 프로젝트 작업이 담당 조직에 의해 올바른 시간에 적절한 순서로 수행될 수 있도록 프로젝트 작업이 승인되는 방법을 정의하는 절차가 수록된 공식적인 문서
  - 작업 승인에 필요한 순차적 단계, 문서, 추적 시스템, 승인 수준 등이 포함됨

- 형상관리 시스템 / Configuration Management System
  - 전체 프로젝트관리 시스템에 속한 하위 시스템
  - 제품, 산출물, 서비스 또는 구성요소의 기능적, 물리적 특성을 식별하여 문서화하고, 해당 특성에 대한 변경을 통제하고, 각 변경과 그 구현 상태를 기록 및 보고하고, 제품, 산출물 또는 구성요소에 대한 감사를 지원하여 요구 사항의 준수 여부를 검증함
  - 문서화, 추적 시스템, 변경 허가 및 통제에 필요한 정의된 승인 수준이 포함됨

- 변경통제 시스템 / Change Control System
  - 프로젝트 인도물 및 관련 문서의 통제, 변경 및 승인 방법을 정의하는 문서화된 공식적 절차. 대부분의 응용 분야에서 형상관리 시스템에 포함되는 하위 시스템이다.

2008년 7번

PMBoK(2004)에 따르면, 프로젝트의 규모가 크고 복잡할수록 프로젝트 관리자의 역할이 중요하다고 한다. 다음 중 복잡도가 매우 높고 규모가 매우 큰 프로젝트일 때 가장 중요한 프로젝트 관리영역인 것은?

① 범위관리   ② 위험관리   ③ 일정관리   ④ 통합관리

● 해설 : ④번

복잡도가 매우 높고 규모가 큰 프로젝트일수록 여러가지 상충되는 목표와 대안들을 절충하고 프로젝트 관리 지식 영역간 상호 의존성을 관리하는 프로젝트 통합관리가 중요함

"이것"은 프로젝트 착수를 공식화하는 문서로서, 프로젝트 외부의 경영층이 승인한다. 다음 중 "이것"에 해당되는 문서는?

① 프로젝트 범위기술서(Project Scope Statement)
② 프로젝트 차터(Project Charter)
③ 프로젝트 관리계획서(Project Management Plan)
④ 일정관리 계획서(Schedule Management Plan)

● 해설 : ②번

프로젝트 헌장은 비즈니스 요구, 현재 파악된 고객의 요구, 충족시키려고 하는 새로운 제품, 서비스 또는 결과를 기술한 문서로써 다음과 같은 내용을 포함함
 - 프로젝트의 목적 또는 정당한 사유
 - 측정 가능한 프로젝트 목표 및 관련된 성공 기준
 - 상위 수준 요구사항
 - 상위 수준 프로젝트 설명
 - 상위 수준 리스크
 - 마일스톤 요약 일정
 - 예산 요약
 - 프로젝트 승인 요구사항(프로젝트 성공의 구성 요건, 프로젝트 성공에 대한 결정권자, 프로젝트 서명자)
 - 선임된 프로젝트 관리자, 책임사항 및 권한 수준
 - 프로젝트 헌장을 승인하는 스폰서 또는 기타 주체의 이름과 권한

● 관련지식 ●●

• **통합관리 – 프로젝트 헌장 개발 프로세스**
 - 프로젝트 또는 단계를 공식적으로 승인하는 문서를 작성하고, 이해관계자의 요구와 기대사항을 충족하기 위한 초기 요구사항을 문서화하는 프로세스로, 수행조직과 요청조직 사이의 협력관계를 수립한다.
 - 프로젝트 헌장은 프로젝트 관리자에게 프로젝트 활동에 자원을 적용할 권한을 프로젝트 관리자에게 제공하는 것이므로 프로젝트 헌장 개발 작업에 프로젝트 관리자가 참여할 것을 권장함
 - 프로젝트관리자는 최대한 빨리 프로젝트 초기에 선정되고 배정되어야 함 (가급적 프로젝트 헌장 개발 중, 반드시 기획 시작 하기 전에 선정)

1) 투입물, 도구 및 기법, 산출물

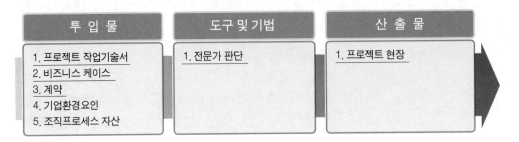

투 입 물	도구 및 기법	산 출 물
1. 프로젝트 작업기술서 2. 비즈니스 케이스 3. 계약 4. 기업환경요인 5. 조직프로세스 자산	1. 전문가 판단	1. 프로젝트 헌장

다음 기준선(BaseLine) 설명에 대하여 맞게 나열한 것은?

> 가. 타당성분석과 사용자 요구정의가 끝난 단계에서 설정된 관리기준선
> 나. 모든 구성항목에 대한 성능요구사항을 정의하는 개발명세로 구성
> 다. 구성항목에 대한 상세설계 문서에 의해 설정

	[가]	[나]	[다]
①	기능기준선 –	할당기준선 –	제품기준선
②	할당기준선 –	기능기준선 –	제품기준선
③	제품기준선 –	할당기준선 –	기능기준선
④	할당기준선 –	제품기준선 –	기능기준선

● **해설 : ①번**

기준선은 형상관리의 기준이 되는 단계를 설정하는 것을 말한다. 제품 수명주기 중 형상관리 활동이 시작되며 그 의미를 지니기 시작하는 단계는 설계/개발 단계이다. 이 설계/개발 단계에서 형상관리가 필요한 적절한 선을 결정하는 것이야 말로 형상관리의 가장 기본적인 활동 중의 하나이다.

형상관리 기준선과 형성관리 대상 항목

기준선	형상관리 대상 항목
기능 기준선	시스템 요구사항 명세서, 시스템 설계서
할당 기준선	소프트웨어 요구사항 명세서
설계 기준선	소프트웨어 구조 설계서, 상세 설계서
제품 기준선	코드, 실행파일, 사용자 문서

형상 상태보고(status report)와 **가장 거리가 먼 것은?**

① 무슨 일인가?　　　　　② 누가 했는가?
③ 언제 일어났는가?　　　④ 어떻게 해결하는가?

● 해설 : ④번

형상관리는 프로젝트에 참여하는 프로젝트 관리자, 프로젝트 개발자, 품질보증 담당자 및 고객에게 제품의 진행상태에 대한 가시성을 확보하도록 하기 위한 활동이다. 형상관리 활동을 가장 잘 표현하는 말로서는 "누가 그것을 변경하였는가? 그리고 무엇을 변경하였는가?"에 대한 해답을 제시하는 것이다.

● 관련지식 •••

• 형상관리

1) 형상관리의 정의
 – 소프트웨어 Life Cycle 단계의 산출물을 체계적으로 관리하여, 소프트웨어 가시성 및 추적성을 부여하여 품질보증을 향상시키는 기법

2) 형상관리에서 사용되는 용어

용어	설명
기준선(Baseline)	각 형상 항목들의 기술적 통제 시점, 모든 변화를 통제하는 시점의 기준
형상항목 (Configuration Item)	소프트웨어 개발 생명주기 중 공식적으로 정의되어 기술되는 관리 기본 대상
형상물 (Configuration Product)	소프트웨어 개발 생명주기 중 공식적으로 구현되어지는 형체가 있는 실현된 형상관리의 대상으로 기술문서, 하드웨어 제품, 소프트웨어 제품 등
형상정보 (Configuration Information)	형상정보 = 형상항목 + 형상물

3) 기준선(Baseline)
 – 각 형상 항목들의 기술적 통제 시점, 모든 변화를 통제하는 시점의 기준
 – S/W 개발단계(생명주기)에서 문서들이 만들어지면 이를 최종적으로 확정(동결)한 산출물의

상태(기준선이 바뀌면 버전관리와 변경관리를 해야 함)
– S/W 개발 및 수행일정에 중요한 기준을 제공하는 공식적인 문서로, 변경이 필요할 경우는 형상통제 위원회와 같은 공식적인 검토회를 거쳐야 함

기준선	형상관리 대상 항목
기능 기준선	시스템 요구사항 명세서, 시스템 설계서
할당 기준선	소프트웨어 요구사항 명세서
설계 기준선	소프트웨어 구조 설계서, 상세 설계서
제품 기준선	코드, 실행파일, 사용자 문서

4) 형상 항목 (Configuration Item)
– 소프트웨어 개발 생명주기 중 공식적으로 정의되어 기술되는 관리 기본 대상
- 기술문서 : 분석/설계 관련 산출물, 각종 매뉴얼 등
- 개발 Tool : 컴파일러, 링커, 함수/라이브러리 등
- Source Code : Source Module, JCL, Compile Option, Object Module, Load Module, 실행파일
- 테스트성과물 : 테스트 데이터, 테스트 환경, 테스트 결과

2004년 21번

소프트웨어 형상항목이 <u>아닌</u> 것은?

① 문서   ② 프로그램   ③ 버전   ④ 데이터

● 해설 : ③번

형상항목은 소프트웨어 개발 생명주기 중 공식적으로 정의되어 기술되는 관리 기본대상으로 문서, 프로그램, 데이터 등이 될 수 있으며 형상항목에 대해 변경이 발생하는 경우 변경관리와 버전관리를 해야 함

다음 중 형상관리(Configuration Management)에 대한 설명으로 <u>틀린 것은?</u>

① 프로젝트를 진행하며 개발하는 모든 산출물들이 형상항목(Configuration Item)이 될 수 있다.
② 버전관리(Version Control)는 형상관리의 일부이다.
③ 형상항목은 베이스라인(Baseline)이 될 수 있다.
④ 형상관리는 프로젝트 범위관리(Scope Management)의 일부분으로 수행한다.

● 해설 : ④번

　　형상관리는 프로젝트 통합관리 – 통합 변경 통제 수행 프로세스의 일부분으로 수행된다.

● 관련지식 •••

• **통합관리 – 통합 변경 통제 수행 프로세스**
  – 인도물, 조직 프로세스 자산, 프로젝트 문서, 프로젝트 관리 계획서에 대한 모든 변경 요청을 검토하고, 변경사항을 승인하며, 변경을 관리하는 프로세스
  – 통합 변경 통제 수행 프로세스는 프로젝트 착수부터 완료의 전체 과정에서 수행됨
  – 통합 변경 통제와 함께 형상 관리 시스템은 프로젝트 내에서 승인된 변경사항과 기준선을 중앙 통제 방식으로 관리하는 효과적이고 효율적인 표준 방식을 제공함

• **형상관리 시스템**
  – 프로젝트 내에서 승인된 변경사항과 기준선을 중앙 통제 방식으로 관리하는 효과적이고 효율적인 표준 방식을 제공함
    ■ 형상통제 : 인도물과 프로세스 두 가지 모두의 사양에 중점을 둠
    ■ 변경통제 : 프로젝트 및 제품 기준선 변경을 식별하고 문서화하고 통제하는데 주력
  – 형상 관리 활동

활동	설명
형상식별	형상 항목의 선정 및 식별은 제품 형상을 정의 및 검증하고, 제품과 문서를 분류하고, 변경을 관리하고, 책임성을 유지하는데 적용할 기준을 제공함
형상 상태 결산	정보를 기록하여 보존하다가 형상 항목 관련 자료를 제공해야 할 때 보고한다. 이러한 정보에는 승인된 형상 식별 목록, 형상에 제안된 변경 상태, 승인된 변경의 구현 상태가 포함됨
형상검증 및 감사	형상 검증 및 형상 감사를 통해 프로젝트 형상항목의 구성이 정확한지, 그리고 해당 변경이 등록, 평가, 승인 및 추적되고 올바로 구현되는지 확인함. 형상 문서에 정의된 기능 요구사항을 충족했는지 여부도 확인함

형상관리에서 형상 항목 선정 기준과 <u>가장 거리가 먼</u> 것은?

① 기능적인 특성
② 형상식별 코드
③ 유지보수 관점
④ 성능 파라메터(Parameter)

● 해설 : ②번

형상 식별자는 형상 개체에 유일한 이름, 번호 및 버전을 부여할 수 있도록 하는 식별 체계이다. 형상 식별자는 형상 항목의 특성을 이해하기 쉽고, 식별자 관리가 용이하게 부여한다.

형상관리 식별자

형상이름	버전	기타
각종 문서	버전	파일 이름(문서, 양식)
각종 양식	리비전	바인더 라벨
각종 S/W	릴리즈 번호	각종 매체의 라벨
각종 F/W	릴리즈 번호	패키지 번호

다음 중 소프트웨어의 변경을 확인 및 통제하고, 변경이 적절하게 구현되고 있음을 보증하며, 변경된 사항들을 감사하고 보고하는 모든 활동들을 일컫는 말은?

① 소프트웨어 품질관리
② 소프트웨어 형상관리
③ 소프트웨어 버전관리
④ 소프트웨어 유지보수

● 해설 : ②번

소프트웨어 형상관리(Configuration Management)
- 시스템 개발과정 및 운영 유지보수 과정에서 변화되어 가는 소프트웨어의 모습을 가시화시켜 짜임새 있고 질서있게 통제함으로써 그 변경내용을 체계적이고 일관성 있게 수용하도록 하여 시스템의 품질을 보증하고 생산성을 향상시키며 프로젝트를 통제할 수 있는 수단을 제공
- 어플리케이션 개발 시점에서부터 유지보수가 이루어지는 단계까지 발생되는 모든 구성 요소들의 변경 이력에 관련된 Action들에 대한 관리함

2006년 23번

다음은 어떤 형상관리 활동을 의미하는가?

> 제품의 형상을 정의 및 확증하는 기준, 제품 및 문서의 구분기호를 지정하는 기준, 변경을 관리하는 기준, 책임을 유지하는 기준 등을 제공

① 형상식별　　　　　　　② 형상검증
③ 형상감사　　　　　　　④ 형상현황관리

● 해설 : ①번

　형상관리 활동 중 형상식별 활동은 제품 형상을 정의 및 검증하고, 제품과 문서를 분류하고, 변경을 관리하고, 책임성을 유지하는데 적용할 기준을 제공함

2007년 25번

정보시스템 프로젝트의 각종 산출물에 대해 식별성 및 추적성을 확보하고 유지관리하기 위해 수행되는 관리활동은?

① 범위관리(Scope Management)
② 위험관리(Risk Management)
③ 형상관리(Configuration Management)
④ 통합관리(Integration Management)

● 해설 : ③번

　형상관리는 소프트웨어 Life Cycle 단계의 산출물을 체계적으로 관리하여, 소프트웨어 가시성 및 추적성을 부여하여 품질보증을 향상시키는 기법임

형상관리 매커니즘에 포함되지 않는 것은?

① 버전 통제
② 변경 요청 추적
③ 검토 프로시저
④ 접근 통제

● 해설 : ③번

소프트웨어 형상관리의 역할

1) 이전 리비전이나 버전에 대한 정보를 언제든지 접근할 수 있어야 한다. → 버전 통제
2) 불필요한 사용자가 소스를 수정할 수 없도록 해야 한다. → 접근통제
3) 동일한 프로젝트에 대해서 여러 개발자가 동시에 개발할 수 있어야 한다.
4) 에러가 발생했을 경우 빠른 시간 내에 FIX할 수 있어야 한다.
5) 사용자의 요구에 따라 적시에 최상의 소프트웨어를 공급할 수 있어야 한다. → 변경 요청 추적, 사용자의 요구는 시시때때로 변화하므로 이런 사용자의 요구사항의 변화에 유연하게 대처할 수 있어야 함

소프트웨어 형상관리(Configuration Management)의 요소 활동 중에서 "소프트웨어 내의 버그에 대해 일종의 버그 데이터베이스를 둠으로써 디버깅의 효율성을 높이고 개발자들 간에 버그에 대한 정보소통을 촉진 하는" 관리의 요소 활동은?

① 버전(Version)관리   ② 실행관리   ③ 빌드(Build)관리   ④ 요청관리

● 해설 : ②번

• 삼성 SDS의 품질관리 방법 e-TQM 중 소프트웨어 형상관리의 주요 구성요소

프로세스	설명
리비전관리	프로젝트는 여러 개의 모듈 즉 source들로 이루어져 있는데, 이 들 각각의 모듈에 대하여, Archiving 기법을 통한 리비전을 관리할 수 있도록 하여, 하나의 source에 대해 수많은 백업본을 두어 관리하는 것이 아니라, 하나의 Archive파일을 두어 history정보를 통한 관리를 할 수 있도록 함
버전관리	프로젝트가 지금 어떤 버전이든지, 그 이전에 만들어 놓은 각각의 버전에 대하여도 관리가 가능하도록 함 각 source의 해당 리비전들을 하나로 묶어 버전관리를 함
빌드관리	일반적인 make툴에 비해 보다 확실하게 빌드 할 수 있도록 관리함
실행관리	버그에 대해 일종의 버그 데이터베이스를 둠으로 디버그를 효율화 시킬 수 있고, 개발자들 간에 버그에 대한 통신을 원활하게 해 줌
프로모션관리	프로젝트의 라이프 사이클을 개발팀 성격에 맞추어 설정을 하게 되는데, 설정된 라이프 사이클에 각각의 관계에 대해 개발자 권한을 주는 등 표준화 및 보안 능력을 향상시킬 수 있어 보다 원활한 프로젝트의 관리를 도모할 수 있게 함

프로젝트 수행과정에서 범위(scope) 변경을 위해 활용하는 변경통제시스템(Change Control System)의 기능에 해당하는 것은?

① WBS(Work Breakdown Structure)
② 추적시스템(Tracking System)
③ BOM(Bill of Material)
④ 상세설계(Detail Design)

● 해설 : ②번

- **변경통제 시스템 / Change Control System**
  - 프로젝트 인도물 및 관련 문서의 통제, 변경 및 승인 방법을 정의하는 문서화된 공식적 절차. 대부분의 응용 분야에서 형상관리 시스템에 포함되는 하위 시스템이다.

- **작업분류체계 (WBS)**
  - 프로젝트 목표를 달성하고 필요한 인도물을 산출하기 위하여 프로젝트팀이 실행할 작업을 인도물 중심으로 분할한 계층 구조 체계
  - 작업분류체계는 프로젝트의 총 범위를 구성하고 정의하며, 프로젝트 작업을 관리하기 쉽도록 작은 작업 단위로 세분한다. 작업분류체계의 아래로 내려갈수록 프로젝트 작업이 점차 상세하게 정의된다. 최하위 작업분류체계 구성요소에 포함된 계획된 작업을 '작업 패키지'라고 하며, 이 패키지 단위로 일정을 계획하고, 원가를 산정하고, 감시 및 통제할 수 있다.

- **자재명세서(Bill of Materials, BOM)**
  - 조립 제품을 제작하는 데 필요한 물리적 조립품, 부속 부품, 구성요소들을 도표 형태로 보여주는 체계적 계통도

프로젝트 추적(Project Tracking) 활동으로서 적합하지 <u>않은</u> 것은?

① 활동 추적(Activity Tracking)
② 품질척도 추적(Quality Metrics Tracking)
③ 결함 추적(Defect Tracking)
④ 문제점 추적(Issue Tracking)

● 해설 : ②번

S/W 개발에 대한 가시성을 획득하기 위해 개발 활동의 결과를 관찰하고 추적하는데, 프로젝트 규모, 공수, 일정, 결함 등 프로젝트의 현재 상태에 대한 데이터 측정이 필수적임

● 관련지식 •••

• 프로젝트 추적(Project Tracking)
  – 개발할 S/W는 눈에 보이지 않기 때문에, 프로젝트에서 S/W 개발에 대한 가시성을 획득하기 위해서는 개발 활동의 결과를 관찰함으로써 가능하다. 즉, 프로젝트 관리자에게 프로젝트에 대한 적절한 가시성을 제공하는 것이 프로젝트 추적의 근본 목적이다.
  – 프로젝트에 대한 적절한 가시성을 획득하기 위해서는 우선 프로젝트 규모, 공수, 일정, 결함 등 프로젝트의 현재 상태에 대한 데이터 측정이 필수적이다. 이렇게 수집된 데이터들의 분석을 통하여 프로젝트 상태에 대한 판단을 할 수 있다. 현 상태가 올바른 상태라면, 프로젝트는 계획된 경로를 따라 진행되는 것이나, 그렇지 않다면, 프로젝트가 올바른 상태를 회복하게끔 시정 조치를 취해야 한다.

  1) 추적 데이터

구분	추적 데이터
일정	진척도, 코딩건수, 테스트 건수 등
인원	투입인원 M/M, 프로그램 본수
품질	결함유형
리스크	이슈 건수, 리스크 건수
범위	요구사항 건수

소프트웨어 프로젝트에서 품질과 생산성 자료를 도출하기 위해 필요한 기본적인 측정항목이 아닌 것은?

① 소프트웨어 규모(software size)
② 결함(defects)
③ 투입 노력(efforts)
④ 도구 활용도(tool utilization)

● 해설 : ④번

S/W 개발에 대한 가시성을 획득하기 위해 개발 활동의 결과를 관찰하고 추적하는데, 프로젝트 규모, 공수, 일정, 결함 등 프로젝트의 현재 상태에 대한 데이터 측정이 필수적임

프로젝트 추적(Project Tracking)은 프로젝트 관리자가 가시성을 확보하기 위한 수단이며, 프로젝트 목표를 달성하는데 활용된다. 추적대상 항목이 아닌 것은?

① 도구(tools)
② 활동(activities)
③ 결함(defects)
④ 쟁점(issues)

● 해설 : ①번

S/W 개발에 대한 가시성을 획득하기 위해 개발 활동의 결과를 관찰하고 추적하는데, 프로젝트 규모, 공수, 일정, 결함 등 프로젝트의 현재 상태에 대한 데이터 측정이 필수적임

작업기술서(Statement Of Work: SOW)는 프로젝트가 제공해야 할 것을 요약하여 정리한 것을 말하는데, 작업기술서에 포함되지 <u>않는</u> 사항은?

① 표준화된 가이드라인
② 조직의 비즈니스 요구
③ 제품 범위 명세서
④ 수행조직의 전략적 계획

● 해설 : ①번

    작업기술서는 프로젝트의 결과물로 제공되는 제품 또는 서비스를 상세히 기술한 것으로 비즈니스 요구사항, 제품 범위 명세서, 조직의 전략적 계획을 포함하고 있음.

● 관련지식 ●●

• 작업기술서(SOW, Statement of Work)
  – 프로젝트의 결과물로 제공되는 제품 또는 서비스를 상세히 기술한 것
  ■ 비즈니스 요구 : 조직의 비즈니스 요구사항은 시장 수요, 기술 개혁, 법률 또는 정보 규제에 따라 좌우될 수 있음
  ■ 제품 범위 명세서 : 프로젝트가 수행하여 창출할 제품의 특성을 기술한 문서. 제품이나 서비스 사이의 관계, 프로젝트가 처리할 비즈니스 요구도 명세서에 포함시켜야 함
  ■ 전략적 계획 : 모든 프로젝트가 조직의 전략적 목표를 지원해야 함. 프로젝트 선정 및 우선순위결정의 요인으로서 수행 조직의 전략적 계획을 반드시 고려해야 함

K07. 범위관리

시험출제 요약정리

1) 범위관리
   - 성공적으로 프로젝트를 완료하기 위해 프로젝트에 필요한 모든 작업이 포함되었는지, 필수 작업만이 포함되었는지 확인하기 위해 요구되는 프로세스를 포함
   - 주로 프로젝트에 속한 것과 그렇지 않은 것을 정의하고 통제하는 일에 관계함
   - 프로젝트 상황에서 '범위'는?
     - 제품 범위 – 제품, 서비스 또는 결과물의 특성을 나타내는 특징과 기능
     - 프로젝트 범위 – 일정한 특징과 기능을 제공하는 제품, 서비스 또는 결과물을 인도하기 위하여 반드시 수행해야 하는 작업

순서	프로세스	설명
1	요구사항 수집	프로젝트 목표를 충족하기 위해 이해관계자의 요구사항을 정의하고 문서화하는 프로세스
2	범위정의	프로젝트와 제품에 대한 상세한 설명을 개발하는 프로세스
3	작업분류체계(WBS) 작성	프로젝트 인도물과 작업을 작고 더 관리가능한 요소로 세분하는 프로세스
4	범위검증	완료된 프로젝트 인도물의 인수를 공식화하는 프로세스
5	범위통제	프로젝트 및 제품 범위의 상태를 감시하고 범위 기준선 변경을 관리하는 프로세스

2) 작업분류체계(WBS)
   - 프로젝트 목표를 달성하고 필요한 인도물을 산출하기 위하여 프로젝트팀이 실행할 작업을 인도물 중심으로 분할한 계층 구조 체계
   - WBS의 세분단계가 내려갈수록 프로젝트 작업이 점차 상세하게 정의됨
   - WBS는 전체 프로젝트 범위를 구성 및 정의하고, 현재 승인된 프로젝트 범위 기술서에 명시된 작업을 표시해줌
   - 최하위 작업분류체계 구성요소에 포함된 계획된 작업을 '작업패키지'라고 함
   - 작업 패키지의 통제 단위를 설정하고 통제 단위의 고유한 식별코드를 지정함
   - 통제단위는 성과측정을 목적으로 범위, 원가, 일정이 통합되고 획득가치와 비교되는 관리 통제점임

기출문제 풀이

2004년 10번

프로젝트의 관리 분야 중 범위관리에 대한 항목으로 <u>가장 거리가 먼 것은?</u>

① 범위와 주요 산출물에 대하여 사용자와 개발자의 합의 유도
② 활동간의 의존 관계를 파악하고 주요 활동의 완료기준 설정
③ 범위관리계획에 따라 범위의 변경이 가능
④ 사용자의 요구사항을 반영하여 범위 설정

● 해설 : ②번

　　활동간의 의존 관계를 파악하고 주요 활동의 완료기준을 설정하는 것은 시간관리 영역임

● 관련지식 ●●

• 범위관리
　– 성공적으로 프로젝트를 완료하기 위해 프로젝트에 필요한 모든 작업이 포함되었는지, 필수
　　작업만이 포함되었는지 확인하기 위해 요구되는 프로세스를 포함
　– 주로 프로젝트에 속한 것과 그렇지 않은 것을 정의하고 통제하는 일에 관계함
　– 프로젝트 상황에서 '범위'는?
　　■ 제품 범위 – 제품, 서비스 또는 결과물의 특성을 나타내는 특징과 기능
　　■ 프로젝트 범위 – 일정한 특징과 기능을 제공하는 제품, 서비스 또는 결과물을 인도하기
　　　위하여 반드시 수행해야 하는 작업

순서	프로세스	설명
1	요구사항 수집	프로젝트 목표를 충족하기 위해 이해관계자의 요구사항을 정의하고 문서화하는 프로세스
2	범위정의	프로젝트와 제품에 대한 상세한 설명을 개발하는 프로세스
3	작업분류체계(WBS) 작성	프로젝트 인도물과 작업을 작고 더 관리가능한 요소로 세분하는 프로세스
4	범위검증	완료된 프로젝트 인도물의 인수를 공식화하는 프로세스
5	범위통제	프로젝트 및 제품 범위의 상태를 감시하고 범위 기준선 변경을 관리하는 프로세스

프로젝트 범위를 관리하기 위하여 많이 활용되는 델파이(delphi) 기법의 설명 중 틀린 것은?

① 전문가들의 직관을 근거로 한다.　　② 전문가들을 한 장소에 소집한다.
③ 전문가들의 신분을 익명으로 한다.
④ 전문가들의 컨센서스(consensus)를 이루도록 한다.

● 해설 :　②번

델파이 기법은 어떠한 문제에 관하여 전문가들의 견해를 유도하고 종합하여 전문가들의 합의를 도출하는 방법으로 문제에 대한 정확한 정보가 없을 때에 "두 사람의 의견이 한 사람의 의견보다 정확하다"는 계량적 객관의 원리와 "다수의 판단이 수소의 판단보다 정확하다"는 민주적 의사결정 원리에 논리적 근거를 두고 있다. 또한 전문가들이 직접 모이지 않고 주로 우편이나 e-mail을 통한 통신수단으로 의견을 수렴하여 돌출된 의견을 내놓는다는 것이 주된 특징임.

● 관련지식 ●

1) 조직의 효율적 의사결정 방법
 - 조직의 의사결정은 대개 집단으로 이루어지는데 개인적 결정보다 집단적 결정이 더 나을 수도 있고 때로는 더 나쁜 결정이 될 수도 있다.
 - 상급자의 눈치도 보아야 하고 먼저 의견을 말한 사람이 자기가 좋아하는 사람인지 싫어하는 사람인지에 따라 자기의견이 영향을 받기도 한다.
 - 개인들 각자가 가지고 있는 아이디어를 모으고 상호자극으로 새로운 아이디어가 개발되는 시너지 효과를 발휘하는 집단의 장점을 활용하는 의사결정 방법이 연구됨

1-1) 명명목집단법
 - 누가 무슨 얘기를 했는지 모르도록 하는 방식
 - 구두 커뮤니케이션을 일체하지 못하게 하고 종이에 혹은 노트북 등에 의견을 적는다.
　① 서로 둘러 앉되 말을 안 한다.
　② 자기 생각을 무기명으로 종이에 쓴다.
　③ 적은 대로 발표ㅎ한다. 즉 타인의 발표 전에 소신껏 쓴 것을 그대로 읽는다. 이때 토의는 없다.
　④ 각자가 발표한 내용에 대해 보충설명, 지지 설명이 추가된다.
　⑤ 제시된 의견들의 우선순위를 듣는 비밀투표를 실시하여 최종안을 선택한다.

1-2) 델파이 기법
 - 토론을 하되 무기명으로 하는 방식으로 지리적으로 떨어져 있는 사람들끼리도 가능함

- 지극히 불확실한 미래현상을 예측할 때 특히 효과적이지만 시간이 많이 걸리고 복잡한 사안일 때는 말과 글이 일치하지 않기 때문에 목적을 달성하려면 많은 정성과 노력이 필요하다.
① 토의 구성원들에게 문제를 분명히 알린다.
② 구성원들이 무기명으로 백지에 의견을 개진한다.
③ 의견들을 모아서 구성원 수만큼 복사하여 각자에게 다른 사람들의 의견을 알린다.
④ 각 개인은 모든 구성원들의 의견을 읽고 나서 토를 달고 자기의견을 수정한다.
⑤ 각자가 수정된 자기의견을 설문지 혹은 백지에 무기명으로 적는다.
⑥ 다시 모아서 복사하여 모든 구성원들에게 나눠 주고 다시 수정된 의견을 모아서 위의 과정을을 반복하면서 최선의 방법을 찾는다.

1-3) 브레인 스토밍
- 여러 명이 한 가지 문제를 놓고 있는 생각 없는 생각을 무작위로 마구 내놓으면서 번쩍 번쩍하는 아이디어를 찾아내자는 것
① 세련되지 못한 의견이라도 일단 제시해 놓고 본다.
② 제시된 의견은 절대 비판해서는 안 된다. 비판이 있으면 다음에는 의견 개진을 안 하기 때문이다.
③ 가능한 많은 아이디어를 낸다.
④ 자기의 생각과 남들이 제시한 의견을 접합시켜 새로운 아이디어를 창안하여 제시한다.
⑤ 위의 과정을 여러 번 반복한다.

2) 프로젝트 관리 内 델파이 기법 활용
- 범위관리 – 요구사항 수집 프로세스의 도구 및 기법인 집단 창의력 기법에서 활용됨
- 리스크 관리 – 리스크 식별 프로세스의 도구 및 기법인 정보수집 기법에서 활용됨

요구사항 수집 도구 및 기법	리스크 식별 도구 및 기법

1. 인터뷰
2. 핵심 그룹
3. 심층 워크숍
4. 집단 창의력 기법
  – 브레인스토밍
  – 명목 그룹 기법
  – 델파이 기법
  – 아이디어/마인드 매핑
  – 친화도
5. 집단 의사결정 기법
6. 설문지 및 설문조사
7. 관찰
8. 프로토타입
	1. 문서 검토
	2. 정보 수집 기법
	  – 브레인스토밍
	  – 델파이 기법
	  – 인터뷰
	  – 근본 원인 식별
	3. 점검목록 분석
	4. 가정사항 분석
	5. 도식화 기법
	6. SWOT 분석
	7. 전문가 판단

2010년 6번

프로젝트 헌장과 이해 관계자 등록부의 투입물을 통해 요구사항 문서, 요구사항 관리 계획서, 요구사항 추적 매트릭스와 같은 산출물을 얻게 되는데, 산출물을 얻기 위해 사용하는 도구와 기법으로 <u>가장 적절하지 않은 것은?</u>

① 인터뷰   ② 전문가 판단
③ 집단 창의력 기법   ④ 집단 의사결정 기법

● **해설 : ②번**

범위관리 – 요구사항 수집의 도구 및 기법에 대한 문제임
　요구사항 수집은 인터뷰, 워크숍 등의 도구를 활용하여 이해관계자의 요구사항을 수집하여 고객의 기대치를 정의하고 관리하는 단계이며, 이후 범위정의 단계에서 수집된 자료를 바탕으로 전문가의 판단을 이용하여 프로젝트 범위를 정의하게 됨

● **관련지식** ●●

• **범위관리 – 요구사항 수집 프로세스**
　– 프로젝트 목표를 충족하기 위해 이해관계자의 요구사항을 정의하고 문서화하는 프로세스
　– 프로젝트 및 제품 요구사항을 얼마나 상세히 규정하고 관리하는지가 프로젝트의 성공에 직접적인 영향을 미치므로, 요구사항 수집을 통해 고객의 기대치를 정의하고 관리함
　– 요구사항은 작업분류체계(WBS)의 토대가 됨

1) 투입물, 도구 및 기법, 산출물

투 입 물	도 구 및 기 법	산 출 물
1. 프로젝트 헌장 2. 이해관계자 등록부	1. 인터뷰 2. 핵심 그룹 3. 심층 워크숍 4. 집단 창의력 기법 　- 브레인스토밍 　- 명목 그룹 기법 　- 델파이 기법 　- 아이디어/마인드 매핑 　- 친화도 5. 집단 의사결정 기법 6. 설문지 및 설문조사 7. 관찰 8. 프로토타입	1. 요구사항 문서 2. 요구사항 관리 계획서 3. 요구사항 추적 매트릭스

작업분할구조(WBS : Work Breakdown Structure)에 대한 설명으로 **틀린 것은?**

① 프로젝트의 범위를 표현할 때 사용할 수 있다.
② 작업분할구조는 범위정의 활동의 산출물에 해당한다.
③ 작업분할구조에 명시한 항목과 그 밖의 항목을 합하여 프로젝트 범위를 구성한다.
④ 가장 최저단계에 있는 항목도 필요에 따라 더 분할할 수 있다.

● 해설 : ③번

> ①, ③ 작업 분할 구조는 전체 프로젝트 범위를 구성 및 정의함.
> ② 작업분류체계 작성 프로세스는 PMBOK 2004년 발행판에서 신규 추가되었으며, PMBOK
>   2000년 발행판의 범위관리는 착수 → 범위기획 → 범위정의 → 범위검증 → 범위변경통제
>   로 구성되어 있었으며 작업 분할 구조는 범위 정의 활동의 산출물이었음.
> ④ 작업 패키지는 일정 활동이라는 보다 작고, 관리 가능한 구성요소로 세분화되며, 범위, 원
>   가, 일정 등의 성과 측정을 할 때는 작업 패키지 및 통제단위로 합산하여 관리

● 관련지식 ●●

• 범위관리 – 작업분류체계 작성 프로세스
• 작업분류체계(WBS)
  – 프로젝트 목표를 달성하고 필요한 인도물을 산출하기 위하여 프로젝트팀이 실행할 작업을
    인도물 중심으로 분할한 계층 구조 체계
  – WBS의 세분단계가 내려갈수록 프로젝트 작업이 점차 상세하게 정의됨
  – WBS는 전체 프로젝트 범위를 구성 및 정의하고, 현재 승인된 프로젝트 범위 기술서에 명시
    된 작업을 표시해줌
  – 최하위 작업분류체계 구성요소에 포함된 계획된 작업을 '작업패키지'라고 함
  – 작업 패키지의 통제 단위를 설정하고 통제 단위의 고유한 식별코드를 지정함
  – 통제단위는 성과측정을 목적으로 범위, 원가, 일정이 통합되고 획득가치와 비교되는 관리
    통제점임

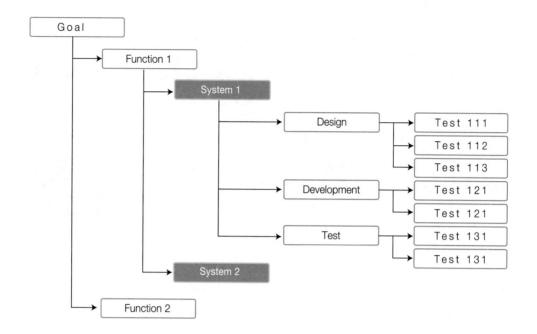

당신의 팀은 프로젝트의 작업요소를 정의하는데 WBS를 사용하기 보다는 자재명세서(bill of materials)를 작성했다. 이 문서에 대한 고객의 검토에 의해 범위의 변경 필요성이 제기되었고, 그 결과 변경 요청서가 작성되었다. 다음 중 이와 같은 변경요청 원인의 적당한 예는 어느 것인가?

① 외부 사건
② 부가가치의 변화
③ 프로젝트 범위 정의시의 오류 혹은 누락
④ 산출물(product) 범위 정의시의 오류 혹은 누락

● 해설 : ③번

작업분류체계(WBS)는 프로젝트팀이 실행할 작업을 인도물 중심으로 분할한 계층 구조 체계이며 프로젝트 정보를 제시하는데 사용되는 다른 종류의 분류체계와 구분되어야 함
 - 자재명세서(Bill of Materials, BOM) : 조립 제품을 제작하는 데 필요한 물리적 조립품, 부속 부품품, 구성요소들을 도표 형태로 보여주는 체계적 계통도
 - 조직분류체계(Organizational Breakdown Structure, OBS) : 작업 패키지와 단위 수행 조직이 서로 연결될 수 있도록 배열된 프로젝트 조직의 계통도
 - 리스크분류체계(Risk Breakdown Structure, RBS) : 식별된 프로젝트 리스크를 리스크 범주별로 정렬한 계층 구조 도표
 - 자원분류체계(Resource Breakdown Structure, RBS) : 프로젝트에 소요될 자원의 유형별 계층 구조 도표

프로젝트 팀원 중 두 사람이 동일한 작업을 수행하고 있는 것을 발견하였다. 이러한 현상은 다음 중 무엇이 미흡했기 때문인가?

① 진척도 회의 (status meeting)　　　② 후원자의 방향 제시 (sponsor direction)
③ 매트릭스 조직 (matrix organization)　　④ 작업분할구조 (work breakdown structure)

● 해설 : ④번

작업분류체계(WBS)는 프로젝트팀이 실행할 작업을 인도물 중심으로 분할한 계층 구조 체계이며, WBS의 세분단계가 내려갈수록 프로젝트 작업이 점차 상세하게 정의됨.
두 사람이 동일한 작업을 수행하는 것은 작업분류체계를 세분화하지 않았을 경우 발생함.

다음 중 작업분할구조(WBS)에 대한 설명이 <u>아닌 것은?</u>

① 작업분할구조는 관리 가능한 수준까지 계층 구조로 분할한다.
② 작업분할구조는 이해관계자들의 기대와 영향을 분석 가능하게 한다.
③ 작업분할구조의 최하위 수준을 작업패키지(Work Package)라고 부른다.
④ 작업분할구조를 통해 원가와 일정이 추적될 수 있다.

● 해설 : ②번

작업분류체계(WBS)는 프로젝트팀이 실행할 작업을 인도물 중심으로 분할한 계층 구조 체계이며, 이해관계자들의 기대와 영향까지 분석하지는 않음

PMBok(2004)에 따라 범위검증 프로세스를 수행하기 위한 투입물이 <u>아닌 것은?</u>

① 프로젝트 범위기술서
② WBS 사전(dictionary)
③ 프로젝트 범위 관리계획
④ 작업 성과 정보

● 해설 : ④번

작업 성과 정보는 실행 프로세스 그룹의 프로젝트 실행 지시 및 관리의 산출물로써
 – 실행 프로세스 그룹의 품질보증수행 프로세스 및
 – 감시 및 통제 프로세스 그룹의 대부분 프로세스의 투입물로 활용됨
 – (통합변경통제 수행, 범위통제, 일정통제, 원가통제, 품질통제 수행, 성과보고, 리스크감시 및 통제, 조달관리)

프로세스간 산출물 흐름

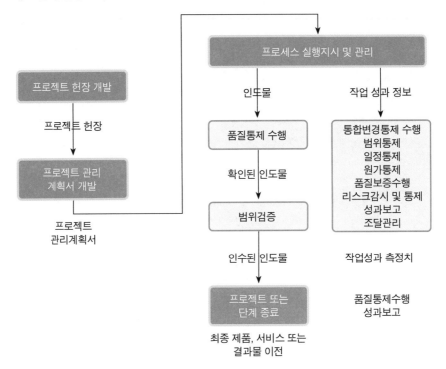

- 범위관리 – 범위 검증 프로세스
  - 완료된 프로젝트 인도물의 인수를 공식화하는 프로세스
  - 범위검증(Scope Verification)
    - 인도물의 인수에 주력함, Acceptance(인수)
    - 수행 주체는 고객
  - 품질통제(Quality control)
    - 인도물의 정확도와 인도물에 지정된 품질 요구사항의 충족 여부에 중점
    - Correctness(정확성)
    - 수행 주체는 품질 보증 담당자
    - 범위 검증에 앞서 품질통제를 수행하는 것이 일반적이지만 병행할 수도 있음

1) 투입물, 도구 및 기법, 산출물

투 입 물	도구 및 기법	산 출 물
1. 프로젝트관리계획서 - 프로젝트 범위 기술서 - WBS - WBS 사전 2. 요구사항 문서 3. 요구사항 추적 매트릭스 4. 확인된 인도물	1. 검사	1. 인수된 인도물 2. 변경요청 3. 프로젝트 문서 갱신

K08. 시간관리

| 시험출제 요약정리 |

1) 시간관리
   - 프로젝트를 시기적절하게 완료하는 데 필요한 프로세스가 포함

순서	프로세스	설명
1	활동 정의	프로젝트 인도물을 산출하기 위해 수행해야 하는 특정 활동들을 식별하는 프로세스
2	활동 순서 배열	프로젝트 활동 사이의 관계를 식별하여 문서화하는 프로세스
3	활동 자원 산정	각 활동을 수행하는데 필요한 자재, 사람, 장비 또는 공급품의 종류와 수량을 산정하는 프로세스
4	활동 기간 산정	산정된 자원으로 개별 활동을 완료하는데 필요한 총 작업기간 수를 대략적으로 추정하는 프로세스
5	일정 개발	활동 순서, 기간, 자원 요구사항 및 일정 제약사항을 분석하여 프로젝트 일정을 수립하는 프로세스
6	일정 통제	프로젝트의 상태를 감시하여 프로젝트의 진척사항을 갱신하고 일정 기준선에 대한 변경을 관리하는 프로세스

2) 활동 기간 산정
   - 일정 활동을 완료하는 데 필요한 작업 노력량을 산정하고, 일정 활동을 완료하는 데 적용될 자원 추정량을 산정하고, 일정 활동을 완료하는 데 필요한 작업 기간 수를 결정

   2-1) 투입물, 도구 및 기법, 산출물

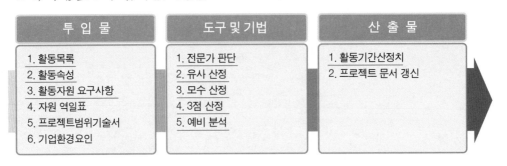

투 입 물	도구 및 기법	산 출 물
1. 활동목록 2. 활동속성 3. 활동자원 요구사항 4. 자원 역일표 5. 프로젝트범위기술서 6. 기업환경요인	1. 전문가 판단 2. 유사 산정 3. 모수 산정 4. 3점 산정 5. 예비 분석	1. 활동기간산정치 2. 프로젝트 문서 갱신

2-2) 도구 및 기법

구분	도구 및 기법	설명
1	전문가 판단	– 선례정보를 근거로 한 전문가 판단을 활용 – ≒ 하향식 산정 ≒ 유사산정
2	유사 산정	– 과거에 시행했던 유사한 활동의 실제 소요 기간을 향후 일정 활동기간 산정의 기초 자료로 활용하는 것 – 프로젝트 초기 단계와 같이 프로젝트에 대한 상세한 정보가 많지 않을 때 프로젝트 기간을 산정하는 데 자주 이용됨 – 선례정보 및 전문가 판단을 사용 – 과거의 활동이 단순한 외형에서뿐만 아니라 실질적인 면에서 유사하고 산정 작업을 준비하는 프로젝트팀원이 필요한 전문성을 갖추고 있는 경우에 유사 기간 산정의 신뢰도가 가장 높아진다.
3	모수 산정	– 수행한 작업 수에 생산성 단위율을 곱하여 정량적으로 산출 – 총 자원 수량에 작업 기간당 노동 시간 또는 작업 기간당 생산 역량을 곱하고, 총 자원 수량을 작업 기간에 활동 기간을 결정하기 위하여 사용되는 자원의 수로 나눈다.
4	3점 산정	– 초기 산정에서 위험 정도를 고려하여 활동기간 산정 정확성 향상 – 최빈치/낙관치/비관치 세가지 기간 산정치의 평균을 계산하여 활동기간 산정 – 평균 = (p + 4m + o)/6 – 표준편차 = (p−o)/6
5	예비 분석	– 우발사태 예비비(Contingency Reserve), 일정예비(Time Reserve) 또는 완충(Buffer) 등의 추가 시간을 사용

3) 일정개발

- 반복적인 프로세스로서 프로젝트 활동의 계획된 시작 및 종료일을 결정
- 작업이 진행되고, 프로젝트관리계획이 변경되고, 예상한 리스크의 발생 또는 식별된 새로운 위험의 소멸에 따라 프로젝트가 진행되는 동안 계속됨

3-1) 투입물, 도구 및 기법, 산출물

투 입 물	도구 및 기법	산 출 물
1. 활동목록 2. 활동속성 3. 프로젝트 일정네트워크도 4. 활동자원 요구사항 5. 자원 역일표 6. 활동기간산정치 7. 프로젝트범위기술서 8. 기업환경 요인	1. 일정 네트워크 분석 2. 주공정법 3. 주공정 연쇄법 4. 자원 평준화 5. 가상 시나리오 분석 6. 선도 및 지연 적용 7. 일정 단축 8. 일정계획 도구	1. 프로젝트 일정 2. 일정 기준선 3. 일정 자료 4. 프로젝트 문서 갱신

3-2) 도구 - 일정 단축(Schedule Compression)
- 프로젝트 범위를 변경하지 않고 일정 제약, 지정일 또는 기타 일정 목표를 충족하기 위하여 프로젝트일정을 단축

3-2-1) 공정압축법(Crashing)
- 원가와 일정 사이의 절충을 분석하여 최소한의 원가 상승으로 최대한의 기간 단축 효과를 내는 방법을 판단하는 일정단축 기법
- Ex) 시간외 근무 승인, 추가 자원 투입, 주공정 경로의 활동에 대한 급행료 지불 등
- 원가 상승과 리스크 증가를 초래할 수도 있음
- 주의할 점은 추가 자원의 투입으로 기간이 단축되는 활동에 대해서만 효과가 있음

3-2-2) 공정중첩단축법(Fast Tracking)
- 정상적으로는 순차적으로 수행할 단계나 활동을 병행하여 진행하는 일정 단축 기법
- Ex) 설계 도면이 모두 완성되기 전에 기초 공사를 하는 것
- 적용 결과 재작업이 필요하거나 위험이 증가하는 상황이 발생할 수도 있음

2004년 20번

간트차트에 대한 설명 중 맞는 것은?

① 과업을 독립적인 활동으로 간주하고 상호연결된 속성을 미고려
② 프로젝트의 분석 및 설계에 매우 용이한 도구로 간주
③ 프로젝트 활동과 단계를 네트워크 모형으로 표현
④ 과업의 시작과 종료일에 대해서는 미고려

● 해설 : ①번

- Gantt Chart (Bar Chart)
  - 단순한 구조이면서도 강력한 일정 기획 및 통제 기능을 제공
  - 활동을 막대로 표시하며 활동 개시일과 종료일, 예산 기간을 보여주는 차트
  - 계획대비 실적 파악에 유용하며(프로젝트 진척도), 비교적 이해하기 쉬워서 경영진 프리젠테이션에 자주 사용됨
  - 단점 : 태스크간 종속성을 보여 주지 못함

Summary Schedule

Activity Identifier	Activity Description	Calendar units	Project Schedule Time Frame				
			Period 1	Period 2	Period 3	Period 4	Period 5
1.1	Provide New Product Z Deliverable	120					
1.1.1	Work Package 1-Develop Component 1	67					
1.1.2	Work Package 2-Develop Component 2	53					
1.1.3	Work Package 3-Integrate Components	53					

← Data Date

일정계획 수립 시 Gantt 차트의 활용에 대한 설명으로 틀린 것은?

① 작업의 순서 흐름을 파악할 수 있다.
② 작업의 병행 진행을 표현할 수 있다.
③ 인적자원 및 기타 자원의 할당에 사용한다.
④ 각 작업 사이의 상호 관련성을 표현할 수 있다.

● 해설 : ④번

Gantt Chart는 작업 사이의 상호 관련성을 표현하지 못함 프로젝트 활동 기간을 산정하기 위한 기법의 설명으로 **틀린** 것은?

① 선례정보를 참작한 전문가의 판단을 활용하여 활동기간을 산정하는 방법이 흔히 사용된다.
② 유사산정법(Analogous estimating)이란 수량 및 생산성 단위 등 표준화된 정량적 기준을 적용하여 활동 소요기간을 산정하는 방법이다.
③ 활동에 필요한 작업소요량에 생산성 자료를 곱하여 활동기간을 산정하는 방법도 많이 활용된다.
④ 예비기간(reserve), 우발사태(contingency), 또는 완충기간(buffer) 등의 추가 시간의 적용으로 위험에 대비한 프로젝트 활동기간의 안정화에 기여할 수 있다.

● 해설 : ②번

수량 및 생산성 단위 등 표준화된 정량적 기준을 적용하여 활동 소요기간을 산정하는 방법은 모수산정 방식임

● 관련지식 ●●

• 시간관리 – 활동 기간 산정 프로세스
  – 일정 활동을 완료하는 데 필요한 작업 노력량을 산정하고, 일정 활동을 완료하는 데 적용될 자원 추정량을 산정하고, 일정 활동을 완료하는 데 필요한 작업 기간 수를 결정

1) 투입물, 도구 및 기법, 산출물

투 입 물	도구 및 기법	산 출 물
1. 활동목록 2. 활동속성 3. 활동자원 요구사항 4. 자원 역일표 5. 프로젝트범위기술서 6. 기업환경요인	1. 전문가 판단 2. 유사 산정 3. 모수 산정 4. 3점 산정 5. 예비 분석	1. 활동기간산정치 2. 프로젝트 문서 갱신

2) 도구 및 기법

구분	도구 및 기법	설명
1	전문가 판단	– 선례정보를 근거로 한 전문가 판단을 활용 – ≒ 하향식 산정 ≒ 유사산정
2	유사 산정	– 과거에 시행했던 유사한 활동의 실제 소요 기간을 향후 일정 활동기간 산정의 기초자료로 활용하는 것 – 프로젝트 초기 단계와 같이 프로젝트에 대한 상세한 정보가 많지 않을 때 프로젝트 기간을 산정하는 데 자주 이용됨 – 선례정보 및 전문가 판단을 사용 – 과거의 활동이 단순한 외형에서뿐만 아니라 실질적인 면에서 유사하고 산정 작업을 준비하는 프로젝트팀원이 필요한 전문성을 갖추고 있는 경우에 유사 기간 산정의 신뢰도가 가장 높아진다.
3	모수 산정	– 수행한 작업 수에 생산성 단위율을 곱하여 정량적으로 산출 – 총 자원 수량에 작업 기간당 노동 시간 또는 작업 기간당 생산 역량을 곱하고, 총 자원 수량을 작업 기간에 활동 기간을 결정하기 위하여 사용되는 자원의 수로 나눈다.
4	3점 산정	– 초기 산정에서 위험 정도를 고려하여 활동기간 산정 정확성 향상 – 최빈치/낙관치/비관치 세가지 기간 산정치의 평균을 계산하여 활동기간 산정 – 평균 = (p + 4m + o)/6 – 표준편차 = (p–o)/6
5	예비 분석	– 우발사태 예비비(Contingency Reserve), 일정예비(Time Reserve) 또는 완충(Buffer) 등의 추가 시간을 사용

PERT의 가중평균치 방법을 이용할 경우, 어떤 활동의 수행 일정에 대한 낙관적인 예측치는 2일, 가장 가능성이 높은 예측치는 5일, 비관적인 예측치는 8일라고 할 때 평균 예측치는?

① 4일   ② 5일   ③ 5.2일   ④ 6일

● 해설 : ②번

활동기간 기대치 = 3점 산정의 가중 평균값 = (p + 4m + o)/6 = (8 + 4*5 + 2)/6 = 5

● 관련지식 •••

• 3점 산정 – 활동 기간 산정의 도구 및 기법 中
  – 산정 불확실성과 리스크를 고려하여 활동 기간 산정치의 정확도를 향상
  – 프로그램 평가 및 검토기법(Program Evaluation and Review, PERT)에서 비롯
  – 3가지 산정치를 사용하여 활동 기간의 개략적인 범위를 정의함
    ■ 최빈치(Most Likely) : 배정 가능한 자원, 생산성, 실적적으로 기대 가능한 자원 가용성, 다른 항목들과의 의존관계, 공급 중단을 전제로 한 활동 기간
    ■ 낙관치(Optimistic) : 최상의 활동 시나리오 분석에 기초한 활동 기간
    ■ 비관치(Pessimistic) : 최악의 활동 시나리오 분석에 기초한 활동 기간
  – 활동기간 기대치 = 3 점 산정의 가중 평균값 사용
  – 평균 = (p + 4m + o)/6
  – 표준편차 = (p−o)/6
  – 정확도가 높고 세점이 기간 산정의 불확실성 범위를 명확히 해줌

※ 3점 산정은 활동기간 산정, 원가산정의 도구 및 기법임.

프로젝트 활동의 수행 기간이 낙관적인 경우는 8일, 비관적인 경우는 24일, 가장 확률이 높은 경우는 10일로 예측되었다. PERT 기법에 의한 이 활동의 완료기간 예측치는 얼마인가?

① 9 일   ② 10 일   ③ 11 일   ④ 12 일

● 해설 : ④번

활동기간 기대치 = 3점 산정의 가중 평균값 = (p + 4m + o)/6 = (24 + 4*10 + 8)/6 = 12

소프트웨어 노력 추정(Effort Estimation)은 소프트웨어 프로젝트의 일정관리와 원가관리를 위한 기초 자료를 제공한다. 다음 중 소프트웨어 노력추정 방법과 거리가 먼 것은?

① 모수적 모델링(Parametric Modeling)
② 상향식 추정(Bottom-up Estimating)
③ 시뮬레이션 모델링(Simulation Modeling)
④ 유사 추정(Estimating by Analogy)

● 해설 : ③번

시뮬레이션 모델링은 정량적 리스크 분석의 정량적 리스크분석 및 모델링 기법에서 활용됨.

프로젝트의 기간 단축(Duration Compression) 방법 중 순차적으로 진행할 활동을 병행적으로 진행하여 활동 기간을 단축하는 방법은?

① 공정단축(Crashing)
② 시뮬레이션(Simulation)
③ 첩경기법(Fast Tracking)
④ 주공정법(CPM : Critical Path Method)

● 해설 : ③번

순차적으로 수행할 단계나 활동을 병행하여 진행하는 일정 단축 기법은 Fast Tracking임

● 관련지식 •••

• 시간관리 – 일정개발 프로세스
  – 반복적인 프로세스로서 프로젝트 활동의 계획된 시작 및 종료일을 결정
  – 작업이 진행되고, 프로젝트관리계획이 변경되고, 예상한 리스크의 발생 또는 식별된 새로운 위험의 소멸에 따라 프로젝트가 진행되는 동안 계속됨

1) 투입물, 도구 및 기법 산출물

투 입 물	도 구 및 기 법	산 출 물
1. 활동목록 2. 활동속성 3. 프로젝트 일정네트워크도 4. 활동자원 요구사항 5. 자원 역일표 6. 활동기간산정치 7. 프로젝트범위기술서 8. 기업환경 요인	1. 일정 네트워크 분석 2. 주공정법 3. 주공정 연쇄법 4. 자원 평준화 5. 가상 시나리오 분석 6. 선도 및 지연 적용 7. 일정 단축 8. 일정계획 도구	1. 프로젝트 일정 2. 일정 기준선 3. 일정 자료 4. 프로젝트 문서 갱신

2) 도구 및 기법 – 일정 단축(Schedule Compression)
  – 프로젝트 범위를 변경하지 않고 일정 제약, 지정일 또는 기타 일정 목표를 충족하기 위하여 프로젝트일정을 단축

2-1) 공정압축법(Crashing)
- 원가와 일정 사이의 절충을 분석하여 최소한의 원가 상승으로 최대한의 기간 단축 효과
를 내는 방법을 판단하는 일정단축 기법
 Ex) 시간외 근무 승인, 추가 자원 투입, 주공정 경로의 활동에 대한 급행료 지불 등
- 원가 상승과 리스크 증가를 초래할 수도 있음
- 주의할 점은 추가 자원의 투입으로 기간이 단축되는 활동에 대해서만 효과가 있음

2-2) 공정중첩단축법(Fast Tracking)
- 정상적으로는 순차적으로 수행할 단계나 활동을 병행하여 진행하는 일정 단축 기법
 Ex) 설계 도면이 모두 완성되기 전에 기초 공사를 하는 것
- 적용 결과 재작업이 필요하거나 위험이 증가하는 상황이 발생할 수도 있음

일정관리에서 비용은 최소한으로 증가시키면서 기간을 최대한으로 단축하기 위해 비용과 일정의 상호관계를 분석하는 작업(예를 들어, 10일에10만원이 소요되는 작업을 5일에 20만원으로 수행하는 방법 찾기 등)을 무엇이라고 하는가?

① Fast-Tracking
③ Resource Leveling
② Crashing
④ Critical Path Method

● 해설 : ②번

　최소한의 원가 상승으로 최대한의 기간 단축 효과를 내는 일정단축 기법은 Crashing임

정상적으로는 순차적으로 수행되는 여러 단계 또는 여러 활동을 동시에 병행하여 수행함으로써 프로젝트 범위는 영향을 주지 않고 프로젝트 일정을 단축시키는 기법은 다음 중 어느 것인가?

① 크래싱(Crashing)
③ 자원 레벨링(Resource Leveling)
② 고속 트래킹(Fast Tracking)
④ 임계경로 방법(Critical Path Method)

● 해설 : ②번

　순차적으로 수행할 단계나 활동을 병행하여 진행하는 일정 단축 기법은 Fast Tracking임

일정 단축을 위해 공정중첩 단축법(Fast Tracking)을 사용할 때 주로 발생할 수 있는 현상으로 가장 적절한 것은?

① 프로젝트 자원투입이 증가한다.
③ 프로젝트 원가가 증가한다.
② 프로젝트 재작업, 리스크가 증가한다.
④ 프로젝트 품질이 좋아진다.

● 해설 : ②번

　Fast Tracking은 순차적으로 수행할 단계나 활동을 병행하여 진행하는 일정 단축 기법으로 적용결과 재작업이 필요하거나 위험이 증가하는 상황이 발생할 수도 있음

PERT 차트를 사용할 때 표현할 수 <u>없는</u> 것은?

① 작업의 순서   ② 작업의 상호관련성   ③ 이정표(Milestones)   ④ 주경로(Critical Path)

● 해설 : ③번

- PERT 차트는 여러 작업 사이의 의존성과 관계 및 흐름을 그래픽으로 표현한 것으로 각 작업
  은 박스로 표현되는데 박스 안에는 직업명, 시작일, 종료일을 포함함

● 관련지식 ●●●

- 주공정법(Critical Path Method, CPM) – 일정개발의 도구 및 기법 中
  - 모든 자원 제약을 배재한 상태로 일정 네트워크상에서 전진계산과 후진계산분석을 수행하여
    모든 프로젝트 일정 활동에 대한 이론적인 빠른 개시일, 종료일과 늦은 개시일, 종료일을 계산
  - 주공적 경로상의 총 여유는 0 또는 음수값
  - CPM에서 사용하는 활동 지속 시간은 최빈값(most likely)이다.
  - 원가 통제에 초점을 맞춘다.
  - Total Float: = Stack time
    - 프로젝트 납기일을 지연시키지 않으면서 활동이 가지는 여유시간
    - 계산방법: $TF = Min \{ LS - ES = LF - EF \}$
    - TF 값이 0 인 활동들을 이은 경로가 주경로(critical path)가 된다.
  - Free Float
    - 후행 활동의 빠른 착수일을 지연시키지 않으면서 선행 활동이 가지는 여유시간
    - 계산방법: FF (Free Float) = 후행 ES – 선행EF – 1

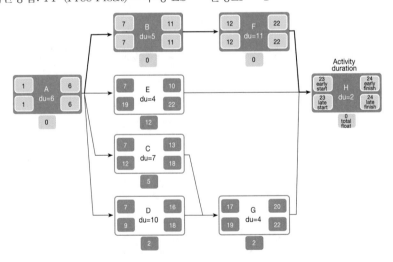

※ CPM에서 사용하는 활동시간은 최빈값으로 CPM을 PERT/CPM으로 부르기도 함

PERT를 사용하여 프로젝트를 관리하기 위해서 필요한 정보와 <u>가장 거리가 먼 것은?</u>

① 인력에 대한 정보   ② 활동에 대한 정보
③ 활동 간의 선후 관계   ④ 활동 소요시간에 대한 정보

● 해설 : ①번

　　PERT/CPM에는 일정 네트워크 분석기법으로 인력에 대한 정보는 표시되지 않음

프로젝트 일정관리(Time Management)에 대한 설명으로 **틀린 것은?**

① 일정 진행 시 필요한 자원을 예측한다.]
② 프로젝트 진행 시 수행할 활동을 결정한다.
③ 필요할 경우 일정을 조정한다.
④ 활동 기간의 예측을 통해 전체 기간을 산정한다.

● 해설 : ①번

PMBOK 제2판에서 자원기획은 원가관리 지식영역에 속하였으며, 제3판에서 시간관리로 옮겨져 '활동별 자원산정' 프로세스로 이름을 바뀌었음

지식 영역	PMBOK 제2판 프로세스	PMBOK 제3, 4판 프로세스
시간관리	활동정의 활동순서배열 활동기간 산정 일정개발 일정통제	활동정의 활동 순서 배열 활동 자원 산정 활동 기간 산정 일정개발 일정통제
원가관리	자원기획 원가산정 원가예산책정 원가통제	원가 산정 예산 결정 원가 통제

● 관련지식 •

• 시간관리
 − 프로젝트를 시기적절하게 완료하는 데 필요한 프로세스가 포함

순서	프로세스	설명
1	활동 정의	프로젝트 인도물을 산출하기 위해 수행해야 하는 특정 활동들을 식별하는 프로세스
2	활동 순서 배열	프로젝트 활동 사이의 관계를 식별하여 문서화하는 프로세스
3	활동 자원 산정	각 활동을 수행하는데 필요한 자재, 사람, 장비 또는 공급품의 종류와 수량을 산정하는 프로세스
4	활동 기간 산정	산정된 자원으로 개별 활동을 완료하는데 필요한 총 작업기간 수를 대략적으로 추정하는 프로세스
5	일정 개발	활동 순서, 기간, 자원 요구사항 및 일정 제약사항을 분석하여 프로젝트 일정을 수립하는 프로세스
6	일정 통제	프로젝트의 상태를 감시하여 프로젝트의 진척사항을 갱신하고 일정 기준선에 대한 변경을 관리하는 프로세스

프로젝트 일정관리 프로세스의 구성으로 맞는 것은?

① 활동의 정의 – 활동의 배열 – 일정계획수립 – 기간산정 – 일정통제
② 활동의 배열 – 활동의 정의 – 기간산정 – 일정계획수립 – 일정통제
③ 활동의 정의 – 기간산정 – 활동의 배열 – 일정통제 – 일정계획수립
④ 활동의 정의 – 활동의 배열 – 기간산정 – 일정계획수립 – 일정통제

● 해설 : ④번

일정관리 프로세스는 활동 정의 → 활동 순서 배열 → 활동 자원 산정 → 활동 기간 산정 → 일정 개발 → 일정 통제순으로 진행됨

프로젝트 일정관리 활동에 해당되는 것이 <u>아닌 것은?</u>

① 작업요소간의 상호관계를 파악하고 이들을 배열한다.
② 제약조건, 전제조건 등을 파악하여 이를 근거로 기간을 산정한다.
③ 사업범위를 검증하고 통제한다.
④ 프로젝트에 존재하는 작업요소를 파악하고 정의한다.

● 해설 : ③번

① 작업요소간의 상호관계를 파악하고 이들을 배열한다. → 활동 순서 배열
② 제약조건, 전제조건 등을 파악하여 이를 근거로 기간을 산정한다. → 활동 기간 산정
④ 프로젝트에 존재하는 작업요소를 파악하고 정의한다. → 활동 정의

K09. 원가관리

1) 원가관리
 - 승인된 예산 안에서 프로젝트를 완수하기 위한 기획, 산정, 예산 책정 및 원가통제 프로세스 포함

순서	프로세스	설명
1	원가 산정	프로젝트 활동을 완료하는데 필요한 금전적 자원의 근사치를 추정하는 프로세스
2	예산 결정	개별 활동 또는 작업 패키지별로 산정된 원가를 합산하여 승인된 원가 기준선을 설정하는 프로세스
3	원가 통제	프로젝트의 상태를 감시하여 프로젝트 예산을 갱신하고 원가 기준선에 대한 변경을 관리하는 프로세스

2) 원가 산정
 - 각 활동을 완료하는 데 필요한 자원의 대략적인 원가를 산출하는 작업
 - 프로젝트 진행과정에서 새로 확보되는 추가 상세정보를 반영하여 원가 산정치를 개정해야 함
 - 단계를 진행하면서 반복되는 프로세스이며 원가의 정확성이 향상됨

 2-1) 투입물, 도구 및 기법, 산출물3) 원가 통제

투 입 물	도 구 및 기 법	산 출 물
1. 범위 기준선 - 범위 기술서 - 작업분류체계(WBS) - WBS 사전 2. 프로젝트 일정 3. 인적 자원 계획서 4. 리스크 등록부 5. 기업 환경 요인 6. 조직 프로세스 자산	1. 전문가 판단 2. 유사 산정 3. 모수 산정 4. 상향식 산정 5. 3점 산정 6. 예비비 분석 7. 품질비용 8. 프로젝트 관리 원가산정 소프트웨어 9. 판매자 입찰 분석	1. 활동 원가 산정치 2. 산정 기준 3. 프로젝트 문서 갱신

3) 원가 통제

- 프로젝트 예산을 갱신하고 원가 기준선에 대한 변경을 관리하는 프로세스

3-1) 투입물, 도구 및 기법, 산출물

투 입 물	도구 및 기법	산 출 물
1. 프로젝트 관리 계획서 　- 원가 성과 기준선 　- 원가 관리 계획시 2. 프로젝트 자금 요구사항 3. 작업 성과 정보 4. 조직 프로세스 자산	1. 획득가치 관리 2. 예측 3. 완료성과지수 4. 성과검토 5. 차이분석 6. 프로젝트 관리 소프트웨어	1. 작업 성과 측정자료 2. 예산 예측치 3. 조직프로세스자산 갱신 4. 변경요청 5. 프로젝트 관리 계획서 갱신 6. 프로젝트 문서 갱신

2005년 20번

다음의 획득가치분석(Earned Value Analysis)에 대한 설명으로 올바른 것은?

① 성과 측정 방법의 하나로 프로젝트 종료 시 수행한다.
② 작업의 진척을 양적으로 분석해내는 방법으로서 프로젝트 완료비율을 산정할 수 있게 한다.
③ 작업에 대해 계획한 예산 대비 수행한 작업의 예산 비율을 계산하면 예측과 얼마나 차이가 있는지 편차를 계산할 수 있다.
④ 작업에 대해 계획한 예산 대비 수행한 작업의 예산 비율이 0에 가까울수록 프로젝트를 효과적으로 수행했다고 볼 수 있다.

● 해설 : ②번

① 획득가치 분석은 프로젝트 수행 중 지속적으로 수행한다.
③ 작업에 대해 계획한 예산 대비 수행한 작업의 예산 비율은 일정성과지수(SPI)를 말하며 계획 대비 성과의 차이를 보여준다.
④ 일정 성과지수가 1에 가깝다는 것은 계획대로 진행되고 있다. 1보다 작으면 공정지연, 1보다 크면 일정 선행으로 볼 수 있다.

● 관련지식 •••

• 원가관리 – 원가통제 프로세스
  – 프로젝트 예산을 갱신하고 원가 기준선에 대한 변경을 관리하는 프로세스

1) 투입물, 도구 및 기법 산출물

투 입 물	도 구 및 기 법	산 출 물
1. 프로젝트 관리 계획서 - 원가 성과 기준선 - 원가 관리 계획시 2. 프로젝트 자금 요구사항 3. 작업 성과 정보 4. 조직 프로세스 자산	1. 획득가치 관리 2. 예측 3. 완료성과지수 4. 성과검토 5. 차이분석 6. 프로젝트 관리 소프트웨어	1. 작업 성과 측정자료 2. 예산 예측치 3. 조직프로세스자산 갱신 4. 변경요청 5. 프로젝트 관리 계획서 갱신 6. 프로젝트 문서 갱신

2) 도구 및 기법 - 획득가치 관리

- 성과 측정에 주로 사용하는 방법
- 프로젝트 범위, 원가, 일정 측정결과를 통합하여 프로젝트 관리팀에서 프로젝트 성과와 진행을 평가 및 측정할 수 있도록 지원
- 각 작업 패키지와 통제 단위에 대해 세 가지 중요한 지표를 개발하여 감시

구분		설명
PV	Planned Value	계획가치, 계획된 작업에 대해 책정된 예산원가 = 성과 측정 기준선(Performance Measurement Baseline, PMB) = 완료시점 예산(Budget At Completion, BAC)
EV	Earned Value	획득가치, 실제 완료된 작업에 해당하는 예산금액 측정된 획득가치는 계획가치와 연관되어야 하고, 측정된 획득가치는 구성요소에 승인된 계획가치 예산보다 클 수 없다
AC	Actual Cost	실제원가, 완료하기 위하여 발생된 총 원가
CV	Cost Variance EV - AC	'예산 상의 원가'와 '실제 원가'의 차이로 인해 발생한 차이 원가차이(+ 예산절감 - 예산초과)
SV	Schedule Variance EV - PV	'실제 수행 작업 범위의 가치'와 '계획한 작업 범위의 가치'의 차이로 인해 발생한 차이 일정차이(+ 일정선행 - 공정지연)
CPI	Cost Performance Index EV / AC	수행한 작업들의 '예산 상 원가'와 '실제 원가'의 상대적 비율 원가성과지수(비용 생산성으로 1미만은 예산초과)
SPI	Schedule Performance Index EV / PV	'실제 수행 작업 범위'와 '계획한 작업 범위'의 상대적 비율 일정성과지수(일정 생산성으로 1미만은 공정지연)

2006년 3번

기성고(Earned Value)에 대한 설명 중 틀린 것은?

① 기성고는 경상비를 포함할 수도 있다.
② 기성고는 수행작업실제원가(Actual Cost for Work Performed)를 의미한다.
③ 주어진 기간 동안에 완료된 활동에 대하여 사전에 승인된 산정원가의 총계이다.
④ 기성고 분석의 결과는 프로젝트 완성 시점의 실제 원가 및 일정과 계획된 원가 및 일정과의 차이를 보여줄 수도 있다.

● 해설 : ②번

Earned Value (EV) = 수행된 작업 예산원가, Budgeted Cost of Work Performed (BCWP)
Planned Value (PV) = 계획된 작업 예산원가, Budgeted Cost of Work Scheduled (BCWS)
Actual Cost (AC) = 수행된 작업 실제 원가, Actual Cost for Work Performed (ACWP)

비용관리에서 CV(Cost Variance) = BCWP(Budgeted Cost for Work Performed) − ACWP(Actual Cost for Work Performed)로 계산된다. 8 기능점수를 소프트웨어로 구현하는데, 프로그래머 3명이 4일 걸리고, 일당은 한 사람당 10만원을 지급한다고 한다. 이 때, 160 기능점수를 완료한 팀에게 4,000만원을 지급하였다고 하면 CV는 얼마인가?

① 1,600 만원   ② −1,600 만원
③ 2,400 만원   ④ −2,400 만원

● 해설 : ②번

원가차이 (CV) = 획득가치 − 실제원가 = EV − AC = 2,400만원 − 4,000만원 = −1,600만원
- 8 기능점수 = 3 * 4 * 10만원 = 120만원
- 160 기능점수 = 2,400만원
- CV 〈 0 이므로 예산을 초과하고 있음

소프트웨어 기성관리에서 실제원가(Actual Cost)는 100, 획득가치(Earned Value)는 50, 계획가치(Planned Value)는 70일 경우, 일정차이(Schedule Variance)는?

① 50   ② −50   ③ 20   ④ −20

● 해설 : ④번

일정차이 (SV) = 획득가치 − 계획가치 = EV − PV = 50 − 70 = −20
SV 〈 0 이므로 일정이 지연되고 있음

A 프로젝트 관리자는 최근에 맡은 프로젝트를 주어진 기간 내에 성공적으로 수행할 수 있는지를 걱정하고 있다. 진행 중인 프로젝트의 성과분석에 EVM(Earned Value Management)을 사용하기 위해 측정한 일정성과지수(SPI, Schedule Performance Index)가 0.76 일 때, 측정된 값이 의미하는 것으로 옳은 것은?

① 계획된 원가보다 더 사용하고 있다.
② 계획된 일정보다 빠르게 진행하고 있다.
③ 계획된 일정에 비해 76% 정도로 진행하고 있다.
④ 계획된 일정에 비해 24% 정도로 진행하고 있다.

● 해설 : ③번

일정성과지수(SPI) = 0.76
SPI 〈 1 이므로 일정이 지연되고 있음

프로젝트 비용관리에서 실제비용(Actual Cost) = 100, 획득가치(Earned Value) = 50, 계획가치(Planned Value) = 60일 경우, 비용성과지수(Cost Performance Index)는?

① 0.5   ② 0.6   ③ 1.2   ④ 2.0

● 해설 : ①번

비용성과지수(CPI) = 획득가치 / 실제비용 = EV / AC = 50 / 100 = 0.5
CPI 〈 1 이므로 예산을 초과하고 있음

최초 예상 총 원가가 4,000,000원이고 현재 소요된 비용이 3,000,000원인데, 획득가치는 2,000,000원이라고 하자. 현재까지의 분산(Variance)은 특수한 상황에 의한 것이었으므로, 남은 기간은 원래(최초) 계획대로 진행될 것이라고 예측한다면 이때 완료시점의 추정원가(EAC: Estimate at Completion)는 얼마인가?

① 2,000,000원   ② 3,000,000원   ③ 4,000,000원   ④ 5,000,000원

● 해설 : ④번

현재까지의 성과가 특이한 경우이며, 남은 기간은 원래 계획대로 진행될 것이라고 보므로

EAC = AC + (BAC − EV) = 3,000,000 + (4,000,000 − 2,000,000) = 5,000,000

● 관련지식 ・・・

1) BAC(Budget at Completion): 최초 산정 예산, 프로젝트의 총 과업범위, 총 예산
2) EAC (Estimate At Completion): 현재 시점에서 예측하는 전체 기간 비용
 − EAC = AC + ETC(현시점에서 종료시까지 예상원가 = 남은업무/업무수행생산성)
 − EAC를 계산할 때 업무수행 생산성을 어떻게 계산할 것인가가 핵심
 ① 초기의 예상을 완전히 빗나간 경우
  EAC = AC + New ETC (남은 범위에 대한 재견적)
 ② 현재까지의 성과가 특이한 경우(현재 이후는 예상한 성과를 달성가능하다고 봄)
  EAC = AC + (BAC − EV)
 ③ 현재까지의 성과 패턴이 끝까지 가는 경우
  EAC = AC + (BAC − EV) / CPI = BAC / CPI

B시의 정보화 부서는 새로운 유비쿼터스 정보화 프로젝트를 추진하고 있다. 승인된 예산 안에서 프로젝트 활동을 완수하기 위하여 필요한 자원에 대한 원가의 근사 값을 알고 싶다. 프로젝트 원가 산정의 도구나 기법이 <u>아닌</u> 것은?

① Analogous estimating
② Determine resource cost rate
③ Bottom–up estimating
④ Benefit/cost analysis

● 해설 : ④번

원가-편익 분석(Benefit/cost analysis)은 품질관리 – 품질기획의 도구 및 기법임
자원 원가 단가 결정(Determine resource cost rate)은 PMBOK 제3판에서 원가산정 도구 및 기법 중 하나였음

● 관련지식 •

• 원가관리 – 원가 산정 프로세스
  – 각 활동을 완료하는 데 필요한 자원의 대략적인 원가를 산출하는 작업
  – 프로젝트 진행과정에서 새로 확보되는 추가 상세정보를 반영하여 원가 산정치를 개정해야 함
  – 단계를 진행하면서 반복되는 프로세스이며 원가의 정확성이 향상됨

1) 투입물, 도구 및 기법, 산출물

투 입 물	도구 및 기법	산 출 물
1. 범위 기준선 - 범위 기술서 - 작업분류체계(WBS) - WBS 사전 2. 프로젝트 일정 3. 인적 자원 계획서 4. 리스크 등록부 5. 기업 환경 요인 6. 조직 프로세스 자산	1. 전문가 판단 2. 유사 산정 3. 모수 산정 4. 상향식 산정 5. 3점 산정 6. 예비비 분석 7. 품질비용 8. 프로젝트 관리 원가산정 소프트웨어 9. 판매자 입찰 분석	1. 활동 원가 산정치 2. 산정 기준 3. 프로젝트 문서 갱신

2) 도구 및 기법

구분	도구 및 기법	설명
1	전문가 판단	– 선례 정보에 근거한 전문가 판단한 과거 유사한 프로젝트의 환경 및 정보에 대한 귀중한 통찰력을 제공함
2	유사 산정	– 과거 유사한 프로젝트 실제원가를 현재 프로젝트 원가산정 기준으로 활용 – 초기단계와 같이 프로젝트 상세 정보가 제한적일 때 주로 사용 – 선례 정보 및 전문가 판단 활용 – 시간과 비용이 적게 드는 대신 정확도가 떨어짐 – 프로젝트 팀원이 필요한 전문성을 갖추었을 때 신뢰도가 높아짐
3	모수 산정	– 선례 자료와 기타 변수(예: 건설 부지 면적) 사이의 통계적 관계를 이용하여 원가, 예산, 기간 등의 활동 모수 산정치를 계산
4	상향식 산정	– 개별 작업 패키지 또는 활동의 원가를 지정된 수준에서 최대한 세밀하게 산정한 후 보다 상위 수준으로 요약 또는 집계함
5	3점 산정	– 산정의 불확실성 및 리스크를 고려하여 단일 지점 활동원가 산정치의 정확도를 높임 – 프로그램 평가 및 검토기법(PERT)에서 비롯 – 3가지 산정치를 사용하여 활동원가의 대략적 범위를 정의함 – 정확도가 높고, 세 점이 불확실성의 범위를 명확히 해줌
6	예비비 분석	– 불확실성을 고려하여 우발사태 예비비를 원가 산정치에 포함할 수 있음
7	품질비용	– 제품/서비스 품질을 달성하기 위한 모든 노력의 총비용 – 적합원가 : 예방원가, 평가원가 – 부적합원가 : 내부실패원가, 외부실패원가
8	프로젝트 관리 원가 산정 소프트웨어	– 원가산정 S/W 프로그램, 전산화된 스프레드쉬트, 시뮬레이션, 통계도구 등
9	판매자 입찰분석	

프로젝트 계획 수립을 위해서 사용되는 추정(estimation) 기법들이 가지고 있는 속성들과 <u>가장</u> <u>거리가 먼</u> 것은?

① 고객의 예산을 고려한다.
② 프로젝트 영역은 사전에 설정되어야 한다.
③ 척도는 과거에 사용했던 것을 기초로 사용한다.
④ 프로젝트는 개별적으로 추정될 수 있는 작은 단위로 나눈다.

● 해설 :　①번

　　② ④ 범위관리의 요구사항 수집 → 범위정의 → 작업분류체계 작성 프로세스를 통하여 프로젝트의 범위와 수행해야 하는 작업이 식별되며, 작업패키지 단위로 일정을 계획하고, 원가를 산정하고 감시 및 통제를 수행하게 됨

　　③ 과거 유사한 프로젝트 실제원가를 바탕으로 현재 프로젝트 원가산정의 기준으로 활용함

프로젝트관리 계획서의 원가관리 계획 부문에서 정의해야 할 사항과 <u>거리가 먼 것은?</u>

① 정밀도(Precision Level) ② 통제범위(Control Thresholds)
③ 작업의 완성기준(Earned Value Rules) ④ 기회비용(Opportunity Cost)

● 해설 : ④번

원가관리계획은 별도의 프로세스로 도출되지는 않았지만 프로젝트계획의 초기 단계에 원가산정
프로세스 수행 전에 수립되며 프로젝트 관리계획에 포함된다.
프로젝트 원가의 측정단위, 측정방식, 기준 및 보고형식을 정의한다.

● 관련지식 ●●

• **원가관리 – 원가관리계획**
 – 프로젝트관리계획에 포함되거나 부차적인 계획
 – 프로젝트 원가를 기획, 구성, 산정, 예산 책정 및 통제하는 기준을 설정함
 – 프로젝트 기획의 초기 단계에 투입되며, 원가관리 프로세스들의 성과가 효율적으로 통합될
  수 있도록 각 프로세스의 골격을 설정한다.

설정요소	설명
정확도 수준	– 일정 활동 원가산정에서는 활동 범위와 프로젝트 규모를 근거로 지정된 정확도 ($100, $1000 등)에 데이터를 맞추는 것을 원칙으로 하고 우발사태를 고려한 예비비를 포함할 수도 있다.
측정 단위	– 각 자원에 대해 정의된 측정 단위 – (예: 직원 근무 시간, 일 또는 주 단위 등의 근무 기간. 총액 등)
조직 내부 절차 연결	– 프로젝트 원가회계에 사용되는 작업분류체계 구성요소를 통제단위(Control Account, CA)라고 한다. – 통제단위에 수행 조직의 회계 시스템에 바로 연결되는 코드나 회계 번호가 할당된다.
통제 한계선	– 프로젝트 기간에 걸쳐 지정된 몇 개의 시점에서 원가 또는 기타 척도(작업일수, 제품 크기 등)에 대한 차이 한계선을 정의하여 합의된 차이 허용도를 표시할 수 있다
획득가치 규칙	– 잔여분 산정치 결정을 위한 획득가치 관리 산정 방식 정의 – 획득가치 측정 기준 설정 – 획득가치기법 분석이 수행되는 작업분류체계 수준 정의
보고 형식	– 다양한 원가 보고서 형식을 정의한다
프로세스 설명	– 세 가지 원가관리 프로세스 각각에 대한 설명을 문서화한다.

다음 중 활동의 결과 또는 산출물 등을 근거로 계량화된 기반을 통하여 각 활동의 진척율 (Progress)을 산출하는 방법은?

① 0/100 퍼센트 규칙(0/100 Percent Rule)
② 산출물 완료율 법칙(Product Complete Rule)
③ 50/50 법칙(50/50 Rule)
④ 퍼센트 완료율 규칙(Percent Complete Rule)

● 해설 : ④번

계량화된 기반을 통하여 각 활동의 진척율을 산정하는 방법은 퍼센트 완료율 규칙임

● 관련지식 •••

• 원가관리 계획 – 획득가치 측정 기준
  – 수행한 작업의 가치는 실제 완성한 비율에 따라 인정할 수도 있지만, 해당 작업을 착수할 때 일부 가치를 그리고 완수하면 나머지 가치를 인정할 수도 있다.

획득가치 측정 기준	설명
완료율법(percent complete)	목표의 완료된 퍼센트로 나타냄
50/50법칙	시작시점에 예산 50% 반영
	종료시점에 예산 50% 반영
20/80법칙	시작시점에 예산 20% 반영
	종료시점에 예산 80% 반영
0/100법칙	시작시점에 예산 0% 반영
	종료시점에 예산 100% 반영

2004년 13번

하향식 예산제도(Top-Down Budgeting)의 장점은?

① 경영진의 참여를 유도한다.
② 구성원에 대한 통제가 용이하다.
③ 예산을 구체적으로 수립할 수 있다.
④ 총예산의 구성을 정확하게 전개할 수 있다.

● 해설 : ④번

하향식 예산제도는 사업부별 예산의 총액을 할당하고 각 사업부는 그 범위 내에서 최적의 정책
과 사업을 선택하도록 자율을 부여하는 방식으로 총예산의 구성을 정확하게 전개할 수 있음

● 관련지식 ●●

• 상향식 예산제도(Bottom-up Budgeting)
  – 모든 부처와 공공기관이 예산당국에 자금 지원을 요청하면, 예산당국이 이를 취합하여 우선
    순위에 따라 자원을 배분하는 방식
  – 각 부처의 예산요구액이 실제로 배정 받을 것으로 기대하는 예산보다 언제나 더 크다는 점
    이다. 이로 인해 결국 예산편성과정은 경영진과 구성원 사이에 하릴없는 협상과 설득, 조정
    과 타협과정을 거치지 않을 수 없다.
  – 예산편성과정은 본질적으로 지루하고 비효율적인 게임이며, 불필요한 거래비용
    (transaction costs)과 시간, 인력의 낭비를 초래함
  – 사업부 레벨의 창조적인 경영방식이 필요한 조직에 적합함

• 하향식 예산제도(Top-down Budgeting)
  – 예산당국이 각 부문별·부처별로 예산의 총액을 할당하고 각 부처는 그 범위 내에서 최적의
    정책과 사업을 선택하도록 자율을 부여하는 방식
  – 단기보다는 장기 계획에 더 효율적이며 위기의 순간이 닥칠 때 유용하다.
  – 경영계획 수립의 반복적인 절차가 상대적으로 적고, 유연한 경영계획이 가능하다
  – 사업부 실무진의 프로세스 참여가 어려우며 혁신의 가능성을 제거할 수 있다는 단점

K10. 품질관리

시험출제 요약정리

1) 품질관리

- 수행 조직에서 프로젝트의 제반 요구사항이 충족되도록 프로젝트의 품질 방침, 목적, 책임 사항을 결정하는 모든 관리 활동

순서	프로세스	설명
1	품질 계획수립	프로젝트 및 제품에 대한 품질 요구사항 및/또는 표준을 식별하고, 어떻게 프로젝트가 준수할지 입증하는 방법을 문서화하는 프로세스
2	품질보증 수행	품질 요구사항과 품질 통제 측정치를 감시하면서 해당하는 품질 표준과 운영상 정의를 사용하고 있는지 확인하는 프로세스
3	품질통제 수행	성과를 평가하고 필요한 변경 권고안을 제시하기 위해 품질 활동들의 실행 결과를 감시하고 기록하는 프로세스

2) 품질보증과 품질통제 비교

구분	품질보증	품질통제
목적	품질개선	품질개선
대상	프로젝트 조직	일의 결과
도구 및 기법	보증(Audit)	검사(Inspection)
결과	고객의 신뢰 및 인증	제품의 합격
프로세스 그룹	실행	감시 및 통제

3) 품질통제 수행

- 성과를 평가하고 필요한 변경 권고안을 제시하기 위해 품질 활동들의 실행 결과를 감시하고 기록하는 프로세스

3-1) 투입물, 도구 및 기법, 산출물

투 입 물	도구 및 기법	산 출 물
1. 프로젝트 관리 계획서 2. 품질 지표 3. 품질 점검목록 4. 작업성과측정치 5. 승인된 변경요청 6. 인도물 7. 조직프로세스자산	1. 인과관계도 2. 관리도 3. 흐름도 4. 히스토그램 5. 파레토 차트 6. 런 차트 7. 산점도 8. 통계적 표본 추출 9. 검사 10. 승인된 변경 요청 검토	1. 품질 통제 측정치 2. 확인된 변경 요청 3. 확증된 인도물 4. 조직프로세스자산 갱신 5. 변경요청 6. 프로젝트관리계획서 갱신 7. 프로젝트 문서 갱신

3-2) 도구 및 기법

구분	도구 및 기법	설명
1	인과관계도	– 물고기뼈 도표, 다양한 요인들이 어떻게 잠재적 문제나 결과에 연결될 수 있는지를 보여줌
2	관리도	– 프로세스가 안정적인지 또는 예상 가능한 성과를 갖는지 여부를 결정하는데 사용
3	흐름도	– 문제들이 어떻게 발생하는지를 분석하는데 유용
4	히스토그램	– 변수의 분포를 보여주는 막대차트, 분포의 형태와 너비를 통해 프로세스의 문제 원인을 식별할 수 있다
5	파레토차트	– 발생 빈도순으로 정렬하는 특수한 형태의 히스토그램으로 규명된 원인의 유형 또는 범주별로 발생된 결함 수를 보여줌 – 파레토 법칙은 상대적으로 적은 수의 원인이 일반적으로 대다수의 문제나 결함을 초래한다는 원칙, 80/20 원칙 – 80%의 문제는 20%의 원인에서 비롯된다는 의미
6	런차트	– 변이의 기록과 패턴을 보여주는 도표로, 데이터 점을 발생 순서로 표시하는 직선 그래프임
7	산점도	– 두 변수 사이 관계의 패턴을 보여줌
8	통계적 표본추출	–
9	검사	– 작업 제품을 점검하여 표준에 부합성 여부를 판별하는 활동
10	결합수정 검토	–

기출문제 풀이

2004년 9번

정식기술검토(FTR)의 목적과 <u>가장 거리가 먼 것은?</u>

① 소프트웨어 비용이 적절한지 검토
② 소프트웨어 표현에 대한 오류 검출
③ 소프트웨어가 요구사항과 일치하는지 검토
④ 소프트웨어가 정의된 표준에 따라 표현되었는지 검토

● 해설 : ①번

정형기술검토(FTR)는 품질 보증을 위해 소프트웨어 검토 작업을 수행하는 것으로, 비용 적절성은 검토하지 않는다.

● 관련지식 ●●

1) 품질 보증 기법의 정의
   − 모든 소프트웨어 산출물을 사용하기 위해 필요 적절한 확증을 하는 체계적인 행위
   − 어떤 소프트웨어 제품이 이미 설정된 요구사항과 일치하는지 확인하는데 필요한 개발단계 전체에 걸친 체계적 작업

2) 정형기술검토(Formal Technical Review)
   − 품질보증을 위해 소프트웨어 검토 작업을 수행
   − Walkthrough, Inspection, Review, RoundRobin 포함
   − 정형기술검토의 주 관심사는 소프트웨어 컴포넌트로서의 프로덕트임
   − 회의 끝에서 모든 FTR 참가자들은 제품의 승인, 거절, 잠정적 인정을 결정해야 함

3) 정형기술검토 목적
   − 조기 결합발견 및 예방을 통해 품질비용을 최소화하기 위함
   − 사용자 요구사항과 일치하며 표준에 따라 구현되었는지 검증
   − 기능과 로직의 오류 발견(해결책을 제시하지는 않음)

4) 정형기술검토 종류

구분	설명
Walk Through	– 비공식적인 검토 과정 – 개발에 참여한 팀들로 구성
Review	– 요구명세서와의 일치 여부 검토 – 부적절한 정보, 누락되거나 관련 없는 정보의 발견 – 개발자, 관리자, 사용자, 외부전문가 참여
Inspection	– 소프트웨어 구성요소들의 정확한 평가, Review보다 엄격, 정형화됨 – Check List 등 사용 – 전문가 검토, 공식적 평가, 수정지침 제시 – 계획 → 사전교육 → 준비 → 인스펙션 회의 → 수정 → 후속조치

5) 정형기술검토의 기본 지침

- 제작의 결과를 검토하고, 논쟁과 반박은 제한한다.
- 제기된 문제는 바로 해결하지 않고 검토 모임 후로 미룬다
- 각 체크리스트를 작성하고, 자원과 시간 일정을 할당한다
- 검토 과정과 결과를 재검토한다.
- 의제를 정하고, 그 범위를 유지한다
- 참가자의 수를 제한하고 사전 준비를 한다
- 검토자에 대해 교육을 수행한다

다음의 공식검토(Formal Review)에 대한 설명 중 잘못 된 것은?

① 공식검토는 품질보증 활동으로 제품의 기능, 논리, 구현의 오류를 찾아내고 요구사항과 일치하며 표준에 따라 구현되었는지 검증하는 것이 목표이다.
② 검토회의는 사전에 미리 준비하여, 검토자를 선정하고 일정을 미리 통보하며 자료를 미리 배포하여 충분한 검토 후에 회의에 참석하도록 한다.
③ 공식검토를 통해 더 이상의 수정없이 제품을 수락할 것인지, 심각한 오류로 제품을 포기할 것인지를 결정한다.
④ 공식검토는 제품의 오류뿐만 아니라 작업을 수행한 사람의 오류를 식별하고 분명하게 지적하며 시정할 것을 요구하는 수단이 된다.

● 해설 : ④번

정형기술검토는 제품의 기능, 오류에 대해 검토하며 사람의 오류를 식별하고 지적하지 않음

소프트웨어 프로젝트에서 품질검토(Quality Review)에 대한 내용을 열거한 것 중에서 틀린 것은?

① 품질검토를 통해서 오류와 불일치를 검출하고 지적된 내용은 관련 담당자들에게 통보한다.
② 품질검토는 작성된 코드를 포함하여 문서산출물을 대상으로 검토한다.
③ 문서산출물은 프로세스 모델, 시험계획서, 형상관리 절차서, 프로세스 표준 및 사용자 지침서 등을 포함된다.
④ 품질검토에는 실질적으로 영향력이 있는 프로젝트 구성원의 참여를 배제한다.

● 해설 : ④번

정형기술검토는 참가자의 수를 제한하고 사전 준비를 한 후 제품의 기능, 논리, 구현의 오류를 찾아내고 요구사항과 일치하며 표준에 따라 구현되었는지 검증하는 것이 주요 목표이며, 회의 끝에 모든 참가자들은 제품의 승인, 거절, 잠정적 인정을 결정해야 하므로, 실질적으로 영향력이 있는 프로젝트 구성원이 참여해야 한다.

일반적인 소프트웨어 품질보증 활동 주체로서 가장 적합한 것은?

① 프로젝트 수행팀과는 독립적인 별도의 품질보증팀
② 프로젝트 수행팀 내의 품질보증팀
③ 프로젝트 책임자의 관리하에 있는 품질보증팀
④ 프로젝트 수행기관과는 독립적인 품질보증 전문기관

● 해설 : ①번

품질보증팀은 개발 조직과 구분하여 객관적인 시각에서 품질 평가와 관리를 수행하도록 하며, 프로젝트 품질관리자의 관리 감독하에 품질 보증 활동 수행

● 관련지식 ●●

• **소프트웨어 품질보증 활동**
  – 소프트웨어 제품이나 아이템이 정해진 요구에 적합하다는 것을 보장하는데 필요한 계획적이고 체계적인 활동

• **일반적인 품질 보증 작업**
  ① 소프트웨어 품질 확보를 위한 요구 제정
     (각종 요구사항 제정 및 관리에 초점)
  ② 소프트웨어를 개발, 운용, 유지보수하기 위한 방법론, 프로세스, 절차의 제정과 실행
     (개발 과정에 대한 관리에 초점)
  ③ 소프트웨어 제품이 품질을 평가하고 관련 문서, 프로세스, 품질에 영향을 미치는 활동을 평가하기 위한 방법론, 프로세스, 절차의 제정과 실행
     (제품 자체의 품질 관리에 초점)

• **소프트웨어 품질 보증 활동과 개발 조직의 구분 필요**
  – 품질 평가와 관리를 위한 객관적인 시각 요구
  – 기준 이하의 작업의 반복 또는 개선 유도

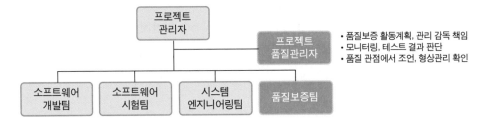

다음 그림은 소프트웨어 개발단계에 따른 품질보증의 관계를 나타낸 것이다. 그림 속의 (가),
(나), (다)에 차례로 들어갈 용어를 순서대로 나열한 것은?

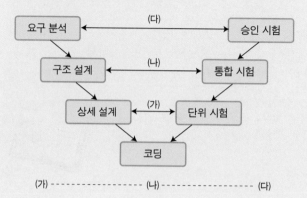

① 검토(Review) – 확인(Validation) – 검증(Verification)
② 검토(Review) – 검증(Verification) – 확인(Validation)
③ 검증(Verification) – 확인(Validation) – 인증(Certification)
④ 확인(Validation) – 검증(Verification) – 인증(Certification)

● 해설 : ③번

● 관련지식 ●

• **검증(Verification)**
  – 프로그램 정확도, 프로세스, 서비스 또는 문서들이 명시된 요구사항을 따르는지를 재검토,
    조사, 시험, 검사, 감리 및 문서화하는 행위(형식 검증)
  – 소프트웨어 개발주기에 있어서 주어진 단계에서의 제품이 이전단계에서 수립된 요구들을
    충족시키고 있는가를 결정하는 것(주기검증)
  – "Are you building the product right?"

• **확인(Validation)**
  – 소프트웨어의 요구의 만족을 보장하기 위해 소프트웨어 개발 프로세스의 끝부분에서 소프
    트웨어를 평가하는 과정
  – 시험 및 객관적인 증거 제시로 특정 용도에 대한 특별한 요구사항이 만족됨을 확인
  – 계획된 환경에 놓여질 때 계획된 대로 사용되는지를 증명하는 것
  – "Are you building the right product?"

• **인증(Certification)**
  – 사용자가 소프트웨어의 품질을 공식적으로 확인하는 것

다음은 소프트웨어 품질 활동을 위해 이용되는 소프트웨어 검토 방법 중 하나이다. 어떤 기법을 의미하는가?

> 설계자나 프로그래머가 본인이 작성한 설계나 코드의 세그먼트를 가지고 개발팀의 다른 구성원들에게 설명하는 동안 다른 구성원들은 질문하면서 기법, 스타일, 가능한 오류들, 개발 표준의 위반여부에 관하여 검토하는 기법

① 검사(Inspection)　　　　② 워크스루(Walk-through)
③ 검증(Verification)　　　　④ 확인(Validation)

● 해설 : ②번

● 관련지식 ●●●

• Inspection
- 개발자들이 결함을 찾고, 고치는 활동을 지원함으로써 제품의 품질의 개선하는 공식적인 활동이며, 조정자, 산출물작성자, 낭독자, 기록자, 참관자의 다양한 역할이 존재하며 모든 참여자는 참여자라는 역할을 수행하며 1인이 여러가지 역할을 수행하는 것이 보편적임. 단, 조정자는 기록자의 역할을 겸임할 수 있으나, 산출물 작성자는 낭독자 역할을 겸임할 수 없다.

구분	역할	책임
조정자	Inspection을 계획하고 주도하는 리더	Inspection 용량 계획 / Inspection 계획 수립 Overview 필요 여부 결정 Inspection 시작/종료 기준 확인 Inspection을 리딩, Re-Inspection 수행여부 결정 기록된 Data의 정확성을 검증
산출물 작성자	Inspection을 통해 검토되는 산출물을 작성한 사람	Overview 진행 주조 결함에 대한 토론 중 상세한 정보를 파악
낭독자	Inspection 회의 시 작업 산출물을 읽어 나가는 사람	Reading 기법을 활용 결함을 충분히 찾을 수 있도록 의도를 가지고 낭독
기록자	데이터 분석을 위해 개별 Inspection에서 데이터를 수집하고 기록하는 사람	기록된 Data의 기록(Inspection 결과 기록서)
참여자	Inspection에 참여하는 모든 역할을 통틀어 칭함	Inspection 사전검토 실시 Inspection 회의 참석

PMBoK(2004)에 따라 프로젝트에 적합한 품질표준을 정하고 그것을 프로젝트에서 어떻게 달성할 것인가를 계획하고자 한다. 다음 중 가장 적합한 기법은? (2개 선택)

① 검사(Inspection)
② 비용편익분석(Cost-Benefit Analysis)
③ 벤치마킹(Benchmarking)
④ 히스토그램(Histogram)

● 해설 : ②, ③번

　　① 검사(Inspection)과 ④ 히스토그램(Histogram)은 품질통제의 도구 및 기법임

● 관련지식 ••

• 품질관리 – 품질 계획수립 프로세스
　– 프로젝트 및 제품에 대한 품질 요구사항 및/또는 표준을 식별하고, 어떻게 프로젝트가 준수할지 입증하는 방법을 문서화하는 프로세스

1) 투입물, 도구 및 기법, 산출물

투 입 물	도 구 및 기 법	산 출 물
1. 범위 기준선 　- 범위 기술서 　- 작업분류체계(WBS) 　- WBS 사전 2. 이해관계자 등록부 3. 원가 성과 기준선 4. 일정 기준선 5. 리스크 등록부 6. 기업 환경 요인 7. 조직 프로세스 자산	1. 원가-편익 분석 2. 품질비용(COQ) 3. 관리도 4. 벤치마킹 5. 실험 설계법 6. 통계적 표본 추출 7. 흐름도 8. 독점 품질 관리 방법론 9. 추가 품질 기획 도구	1. 품질 관리 계획서 2. 품질 지표 3. 품질 점검목록 4. 프로세스 개선 계획서 5. 프로젝트 문서 갱신

문제(Problem)나 결함(Defect)을 발생 분야(Category)에 따라 분류하는 기법에 가장 가까운 것은?

① CPM chart
③ PERT chart
② Gant chart
④ Pareto chart

● 해설 : ④번

　　CPM chart, Gant chart, PERT chart는 시간관리와 관련된 그래프임

● 관련지식 ●●●

• 품질관리 - 품질 통제 프로세스
　- 성과를 평가하고 필요한 변경 권고안을 제시하기 위해 품질 활동들의 실행 결과를 감시하고 기록하는 프로세스

1) 투입물, 도구 및 기법, 산출물

투 입 물	도구 및 기법	산 출 물
1. 프로젝트 관리 계획서 2. 품질 지표 3. 품질 점검목록 4. 작업성과측정치 5. 승인된 변경요청 6. 인도물 7. 조직프로세스자산	1. 인과관계도 2. 관리도 3. 흐름도 4. 히스토그램 5. 파레토 차트 6. 런 차트 7. 산점도 8. 통계적 표본 추출 9. 검사 10. 승인된 변경 요청 검토	1. 품질 통제 측정치 2. 확인된 변경 요청 3. 확증된 인도물 4. 조직프로세스자산 갱신 5. 변경요청 6. 프로젝트관리계획서 갱신 7. 프로젝트 문서 갱신

2) 도구 및 기법

구분	도구 및 기법	설명
1	인과관계도	- 물고기뼈 도표, 다양한 요인들이 어떻게 잠재적 문제나 결과에 연결될 수 있는지를 보여줌

구분	도구 및 기법	설명
2	관리도	– 프로세스가 안정적인지 또는 예상 가능한 성과를 갖는지 여부를 결정하는데 사용
3	흐름도	– 문제들이 어떻게 발생하는지를 분석하는데 유용
4	히스토그램	– 변수의 분포를 보여주는 막대차트, 분포의 형태와 너비를 통해 프로세스의 문제원인을 식별할 수 있다
5	파레토차트	– 발생 빈도순으로 정렬하는 특수한 형태의 히스토그램으로 규명된 원인의 유형 또는 범주별로 발생된 결함 수를 보여줌 – 파레토 법칙은 상대적으로 적은 수의 원인이 일반적으로 대다수의 문제나 결함을 초래한다는 원칙, 80/20 원칙 – 80%의 문제는 20%의 원인에서 비롯된다는 의미
6	런차트	– 변이의 기록과 패턴을 보여주는 도표로, 데이터 점을 발생 순서로 표시하는 직선 그래프임
7	산점도	– 두 변수 사이 관계의 패턴을 보여줌
8	통계적 표본추출	
9	검사	– 작업 제품을 점검하여 표준에 부합성 여부를 판별하는 활동
10	결합수정 검토	

통계적 소프트웨어 품질보증과 관계가 없는 것은?

① 소프트웨어 결함 정보를 수집하고 분류한다.
② 품질비용이 낮은 결함부터 먼저 해결한다.
③ 우선순위가 높은 중요한 결함을 먼저 해결한다.
④ 파레토 원칙에 따라 20%에 해당하는 중요한 결함원인을 식별한다.

● 해설 : ②번

품질비용이 낮은 결함보다 중요한 결함부터 먼저 해결해 나가도록 해야 함

품질 확보를 위한 다음의 기법 중에서 품질 문제를 일으키는 핵심 요인(Vital Few)을 찾아내어 이를 집중적으로 관리하는 기법은?

① 통계적 샘플링 기법(Statistical Sampling)
② 식스 시그마 기법(Six Sigma)
③ 파레토 분석 기법(Pareto Analysis)
④ 품질 통제 도표(Quality Control Charting)

● 해설 : ③번

파레토 차트
 – 발생 빈도순으로 정렬하는 특수한 형태의 히스토그램
 – 규명된 원인의 유형 또는 범주별로 발생된 결함의 수를 보여줌
 – 상대적으로 적은 수의 원인이 일반적으로 대다수의 문제나 결함을 초래한다는 원칙에 바탕을 두고 있음, 80/20 원칙

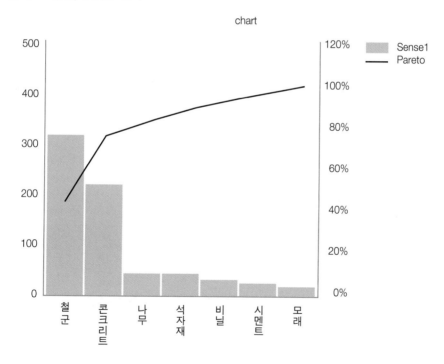

프로젝트 수행과정에서 품질통제 활동에 널리 활용되는 도구 및 기법으로서 80-20원리를 가장 잘 반영한 것은?

① Histogram   ② Control Chart
③ Pareto Chart   ④ Statistical Sampling

● 해설 : ③번

파레토 차트
- 발생 빈도순으로 정렬하는 특수한 형태의 히스토그램
- 규명된 원인의 유형 또는 범주별로 발생된 결함의 수를 보여줌
- 상대적으로 적은 수의 원인이 일반적으로 대다수의 문제나 결함을 초래한다는 원칙에 바탕을 두고 있음, 80/20 원칙

2006년 9번

소프트웨어 프로세스의 품질을 확보하기 위해서 품질관리자가 수행하는 역할 중 **틀린 것은?**

① 품질 검토의 방법 및 검토 시점이 포함된 프로세스 표준을 정의한다.
② 프로세스 표준을 준수하고 있는지 개발 프로세스를 모니터링 한다.
③ 품질 검토 결과에서 나타난 문제점을 해결한다.
④ 프로젝트 관리자 또는 소프트웨어 사용자(고객)에게 프로세스 품질을 보고한다.

● 해설 : ③번

　품질 검토 결과에서 나타난 문제점은 프로젝트팀에 변경요청을 함

● 관련지식 ●●●

・ 품질관리
　– 수행 조직에서 프로젝트의 제반 요구사항이 충족되도록 프로젝트의 품질 방침, 목적, 책임
　사항을 결정하는 모든 관리 활동

순서	프로세스	설명
1	품질 계획수립	프로젝트 및 제품에 대한 품질 요구사항 및/또는 표준을 식별하고, 어떻게 프로젝트가 준수할지 입증하는 방법을 문서화하는 프로세스
2	품질보증 수행	품질 요구사항과 품질 통제 측정치를 감시하면서 해당하는 품질 표준과 운영상 정의를 사용하고 있는지 확인하는 프로세스
3	품질통제 수행	성과를 평가하고 필요한 변경 권고안을 제시하기 위해 품질 활동들의 실행 결과를 감시하고 기록하는 프로세스

품질관리에서 품질통제와 품질보증은 여러 가지 차이점을 가진다. 다음 중 차이점이 <u>아닌 것은?</u>

① 목적   ② 대상   ③ 주체   ④ 결과

● **해설 : ①번**

> 품질보증 – 프로세스 준수여부를 평가하는 활동, 실행 프로세스 그룹
> 품질통제 – 결과물을 감시하고 기록하는 프로세스, 감시 및 통제 프로세스 그룹

● **관련지식** ●●

※ 품질보증과 품질통제 비교

구분	품질보증	품질통제
목적	품질개선	품질개선
대상	프로젝트 조직	일의 결과
도구 및 기법	보증(Audit)	검사(Inspection)
결과	고객의 신뢰 및 인증	제품의 합격
프로세스 그룹	실행	감시 및 통제

※ 프로세스간 산출물 흐름

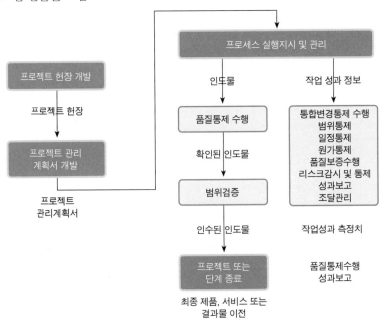

2008년 | 19번

프로젝트를 수행하는 동안 프로젝트 결과물이 품질표준을 만족하고 있는지를 주기적으로 확인하는 활동은?

① 품질보증(Quality Assurance)   ② 품질통제(Quality Control)
③ 품질계획(Quality Planning)   ④ 품질검토(Quality Review)

● 해설 : ②번

품질보증 - 프로세스 준수여부를 평가하는 활동, 실행 프로세스 그룹
품질통제 - 결과물을 감시하고 기록하는 프로세스, 감시 및 통제 프로세스 그룹

2009년 | 14번

프로젝트 품질관리에서 품질 보증 활동을 가장 잘 설명한 것은?

① 산출물(Product)를 작성하는 활동
② 프로젝트 결과물의 등급을 결정하는 활동
③ 프로세스 준수여부를 평가하는 활동
④ 프로젝트 결과가 품질기준을 준수하는지 감시하는 활동

● 해설 : ③번

품질보증 - 프로세스 준수여부를 평가하는 활동, 실행 프로세스 그룹
품질통제 - 결과물을 감시하고 기록하는 프로세스, 감시 및 통제 프로세스 그룹

K11. 리스크관리

시험출제 요약정리

1) 리스크 관리

- 프로젝트에 대한 리스크 관리 기획, 식별, 분석, 대응 기획, 감시 및 통제를 수행하는 프로세스
- 리스크 관리의 목표는 긍정적인 사건의 확률 및 영향은 증가시키고 부정적 사건의 확률 및 영향은 감소시키는 것

순서	프로세스	설명
1	리스크 관리 계획수립	프로젝트에 대한 리스크 관리 활동을 수행하는 방법을 정의하는 프로세스
2	리스크식별	프로젝트에 영향을 미칠 수 있는 리스크를 식별하고, 리스크별 특성을 문서화하는 프로세스
3	정성적 리스크 분석 수행	리스크의 발생 확률과 영향을 평가하고 결합시켜 추가적인 분석 또는 조치를 위하여 리스크의 우선순위를 지정하는 프로세스
4	정량적 리스크 분석 수행	식별된 리스크가 전체 프로젝트 목표에 미치는 영향을 수치로 분석하는 프로세스
5	리스크 대응 계획수립	프로젝트 목표에 대한 기회는 증대시키고 위협은 줄일 수 있는 대안 및 조치를 개발하는 프로세스
6	리스크 감시 및 통제	프로젝트 전반에서 리스크 대응 계획을 구현하고, 식별된 리스크를 추적하고, 잔존 리스크를 감시하고, 새로운 리스크를 식별하고, 리스크 프로세스의 효과를 평가하는 프로세스

2) 리스크 식별 - 도구 및 기법

2-1) 문서 검토

2-2) 정보 수집 기법

도구 및 기법	설명
브레인스토밍	- 종합적인 프로젝트 리스크 목록을 작성하는 것 - 프로젝트팀 및 일반적으로 팀에 포함되지 않은 다양한 분야의 전문가와 함께 브레인스토밍을 수행한다. - 진행자의 안내에 따라 프로젝트 리스크에 대한 아이디어를 얻을 수 있다. - 브레인스토밍을 수행하고 나면 리스크를 식별하여 유형에 따라 분류하고 명확하게 정의할 수 있게 된다.
델파이기법	- 전문가 의견의 합의점을 찾아내는 방법이다. - 프로젝트 리스크 전문가는 이 기법에 익명으로 참여한다. - 진행자는 설문을 이용하여 중요 프로젝트 리스크에 대한 아이디어를 얻는다. 설문에 대한 응답을 요약한 후 전문가들에게 다시 회람하여 추가적인 견해를 구한다. 이 프로세스를 몇 번 거치고 나면 합의점에 도달할 수 있다. - 델파이 기법을 사용하면 자료 편중 현상을 줄이고 결과에 대한 특정 개인의 과도한 영향력을 막을 수 있다.
인터뷰	- 경험이 있는 프로젝트 참여자, 이해관계자 및 해당 분야의 전문가와의 인터뷰를 통해 리스크를 식별할 수 있다. - 인터뷰는 리스크 식별 자료 수집에 있어서 주요 출처 중 하나이다
근본 원인 식별	- 프로젝트 리스크의 근본 원인을 조사하는 방법이다. - 이 기법을 사용하면 리스크를 보다 명확하게 정의할 수 있고 원인별로 분류할 수 있다. 리스크의 근본 원인이 밝혀지면 효과적인 리스크 대응책을 개발할 수 있다

3) 정성적 리스크 분석

- 리스크의 발생 확률과 영향을 평가하여 통합함으로써 추가적이나 조치에 유용하도록 리스크의 우선순위를 지정하는 프로세스로 조직에서 우선순위가 높은 리스크에 주력하여 프로젝트 성과를 향상시키도록 함
- 식별된 리스크의 상대적 확률 또는 발생 가능성, 리스크가 발생할 경우에 프로젝트 목표에 미치는 영향, 대응 시간대와 원가, 일정, 범위 및 품질에 대한 프로젝트 제약과 연관된 조직의 리스크 허용한도 등의 기타 요인을 활용하여 리스크 우선순위를 평가함

3-1) 위험의 우선순위 결정 = 발생가능성 * 영향력
- 발생가능성(probability) : 해당 위험요소가 실제로 발생할 가능성
- 영향력(Impact) : 해당 위험요소가 발생하였을 경우 프로젝트의 성공에 미치는 부정적인 영향력

4) 정량적 리스크 분석 – 도구 및 기법

4-1) 데이터 수집 및 표현 기법
- 인터뷰
- 확률분포

4-2) 정량적 리스크 분석 및 모델링 기법

도구 및 기법	설명
민감도 분석	– 프로젝트에 잠재적 영향력이 가장 큰 리스크를 결정하는데 유용 – 나머지 모든 불확실한 요소를 기준 값으로 놓고, 각 프로젝트 요소의 불확실성이 검토 대상 목표에 미칠 영향력을 평가 – 불확실성이 높은 변수의 상대적 중요도 및 영향을 안정적인 변수와 비교하는데 유용함
금전적 기대값 분석	– 향후 발생할지 여부를 알 수 없는 시나리오가 수반될 때 평균적인 결과를 산출하는 통계적 개념임 – 의사결정 나무 분석에서 사용됨
모델링 및 시뮬레이션	– 상세한 수준에서 지정된 프로젝트 불확실성을 프로젝트 목표에 대한 잠재적 영향으로 환산하는 모델을 사용함 – 일반적으로 몬테칼로(Monte Carlo) 기법을 사용하여 반복 시뮬레이션을 수행함

4-3) 전문가 판단

5) 리스크 대응 계획수립 – 도구 및 기법

5-1) 부정적 리스크 또는 위협에 대한 전략

대응전략	설명
회피(Avoid)	– 위협을 제거하기 위해 프로젝트 관리 계획서를 변경하는 조치를 포함함 – 프로젝트 관리자는 목표를 리스크의 영향권에서 고립시키거나 위태로운 목표를 변경할 수도 있음 – Ex) 일정 연장, 전략 변경, 범위 축소, 프로젝트 중단 – 프로젝트 조기에 발생하는 일부 리스크는 요구사항의 명확한 규정, 정보의 입수, 의사소통 개선 또는 전문가 확보를 통해 회피 가능함
전가(Transfer)	– 위협의 부정적인 영향과 리스크 대응의 책임을 제 3 자에게 전가 – 리스크관리에 대한 책임을 단순히 제 3 자에게 양도할 뿐이며 리스크 자체가 사라지는 것은 아니다. – 리스크 책임의 전가는 재무적 리스크 노출을 처리할 때 가장 효과적 – Ex) 보험, 이행 보증(performance bonds), 각종 보증(warranties and – guarantees) 등에 국한되지 않고 상당히 다양

대응전략	설명
완화(Mitigate)	- 리스크 사건의 확률 및/또는 영향력을 허용 가능한 한계선까지 낮춤 - 프로젝트에 대해 발생하는 리스크의 확률 및/또는 영향력을 줄이기 위한 조기 조치를 수행하는 것이 리스크가 발생한 후에 손상을 복구하고자 노력하는 것보다 훨씬 효과적 - Ex) 덜 복잡한 프로세스 채택, 보다 많은 시험 수행, 보다 안정된 공급업체를 선택, 원형(prototype) 개발
수용(Accept)	- 프로젝트로부터 모든 리스크를 제거하기가 거의 불가능하기 때문에 채택되는 전략 - 프로젝트팀에서 리스크를 처리하기 위해 프로젝트관리 계획을 변경하지 않기로 했거나 다른 적절한 대응 전략을 식별할 수 없음을 나타냄 - 위협이나 기회에 모두 사용 가능 - Ex) 위협이나 기회가 발생할 때 프로젝트팀에서 처리 - Ex) 우발사태 예비비 설정

기출문제 풀이

다음 중 리스크 분석 활동이 <u>아닌 것은?</u>

① 리스크들을 순위화한다.
② 리스크 회피 전략을 구상한다.
③ 리스크의 발생 확률을 예측한다.
④ 심각성에 따라 리스크들을 표 작성한다.

● 해설 : ②번

리스크 회피 전략을 구상하는 것은 리스크 대응 계획수립 프로세스임

● 관련지식 ●●

• 리스크 관리
  – 프로젝트에 대한 리스크 관리 기획, 식별, 분석, 대응 기획, 감시 및 통제를 수행하는 프로세스
  – 리스크 관리의 목표는 긍정적인 사건의 확률 및 영향은 증가시키고 부정적 사건의 확률 및 영향은 감소시키는 것

순서	프로세스	설명
1	리스크 관리 계획수립	프로젝트에 대한 리스크 관리 활동을 수행하는 방법을 정의하는 프로세스
2	리스크식별	프로젝트에 영향을 미칠 수 있는 리스크를 식별하고, 리스크별 특성을 문서화하는 프로세스
3	정성적 리스크 분석 수행	리스크의 발생 확률과 영향을 평가하고 결합시켜 추가적인 분석 또는 조치를 위하여 리스크의 우선순위를 지정하는 프로세스
4	정량적 리스크 분석 수행	식별된 리스크가 전체 프로젝트 목표에 미치는 영향을 수치로 분석하는 프로세스
5	리스크 대응 계획수립	프로젝트 목표에 대한 기회는 증대시키고 위협은 줄일 수 있는 대안 및 조치를 개발하는 프로세스
6	리스크 감시 및 통제	프로젝트 전반에서 리스크 대응 계획을 구현하고, 식별된 리스크를 추적하고, 잔존 리스크를 감시하고, 새로운 리스크를 식별하고, 리스크 프로세스의 효과를 평가하는 프로세스

다음은 프로젝트 리스크 관리 프로세스의 단계들이다. 보기 중 순서대로 가장 잘 배열된 것은?

> A. 리스크 식별(Risk Identification)
> B. 리스크 계획(Risk Planning)
> C. 리스크 분석(Risk Analysis)
> D. 리스크 모니터링(isk Monitoring)

① A–B–C–D   ② A–C–B–D
③ A–D–B–C   ④ D–C–A–B

● 해설 : ②번

리스크 관리는 ① 리스크 관리 계획수립 → ② 리스크식별 → ③ 정성적 리스크 분석 수행 → ④ 정량적 리스크 분석 수행 → ⑤ 리스크 대응 계획수립 → ⑥ 리스크 감시 및 통제 프로세스순으로 수행됨

프로젝트 위험은 프로젝트관리의 어느 단계에서 식별되어야 하는가?

① 개시단계(Initiation)   ② 계획단계(Planning)
③ 실행단계(Executing)   ④ 모든 단계

● 해설 : ④번

프로젝트가 진행됨에 따라 생애 주기 전반에서 새로운 리스크가 발생되거나 확인될 수 있기 때문에 리스크 식별은 반복적인 프로세스로 프로젝트 전 단계에서 이루어져야 함
반복빈도와 각 주기에 참여자는 상황에 따라 달라진다
리스크 기술 형식의 일관성을 유지하여 프로젝트에 미치는 상대적 영향을 다른 리스크들과 비교할 수 있도록 해야 함

A 회사는 정보화 통합 프로젝트를 수행하는 도중에 발생할 중대한 리스크들을 발견하고, 리스크의 우선순위를 결정하였다. 그리고 식별된 리스크에 대하여 프로젝트 목표에 대한 영향을 수치로 분석하는 정량적인 리스크 분석을 수행하고자 한다. 다음 중에서 정량적인 리스크 분석 및 모델링 기법으로 적합하지 않은 것은?

① Sensitivity analysis
② Expected monetary value analysis
③ Decision tree analysis
④ Reserve analysis

● 해설 : ④번

예비비 분석은 활동기간산정, 원가산정, 원가 예산책정, 리스크 감시 및 통제 프로세스의 도구 및 기법임

● 관련지식 ●

• 리스크 관리 - 정량적 리스크 분석 프로세스
  – 식별된 리스크가 전체 프로젝트 목표에 미치는 영향을 수치로 분석하는 프로세스
  – 정성적 리스크 분석 수행 프로세스에 의해 프로젝트의 완료 요구에 잠재적이며 실질적인 영향을 미치는 것으로 우선순위가 지정된 리스크에 대해 정량적 리스크 분석을 수행함
  – 리스크 사건의 영향을 분석하여, 리스크에 개별적으로 수치 등급을 지정

1) 도구 및 기법

1-1) 데이터 수집 및 표현 기법
    – 인터뷰, 확률분포

1-2) 정량적 리스크 분석 및 모델링 기법

도구 및 기법	설명
민감도 분석	– 프로젝트에 잠재적 영향력이 가장 큰 리스크를 결정하는데 유용 – 나머지 모든 불확실한 요소를 기준 값으로 놓고, 각 프로젝트 요소의 불확실성이 검토 대상 목표에 미칠 영향력을 평가 – 불확실성이 높은 변수의 상대적 중요도 및 영향을 안정적인 변수와 비교하는데 유용함

도구 및 기법	설명
금전적 기대값 분석	– 향후 발생할지 여부를 알 수 없는 시나리오가 수반될 때 평균적인 결과를 산출하는 통계적 개념임 – 의사결정 나무 분석에서 사용됨
모델링 및	– 상세한 수준에서 지정된 프로젝트 불확실성을 프로젝트 목표에 대한 잠재적 영향으로 환산하는 모델을 사용함
시뮬레이션	– 일반적으로 몬테칼로(Monte Carlo) 기법을 사용하여 반복 시뮬레이션을 수행함

1-3) 전문가 판단

서면 질문과 무기명 응답, 그리고 응답 결과분석 및 배포 과정을 반복함으로써 주어진 문제에 대한 전문가의 합의를 이끌어내는 위험 식별 기법은?

① 인터뷰   ② 델파이 기법
③ 브레인스토밍   ④ SWOT 분석

● 해설 : ②번

델파이 기법은 어떠한 문제에 관하여 전문가들의 견해를 유도하고 종합하여 전문가들이 합의를 도출하는 방법으로 문제에 관한 정확한 정보가 없을 때에 "두 사람의 의견이 한 사람의 의견보다 정확하다"는 계량적 객관의 원리와 "다수의 판단이 소수의 판단보다 정확하다"는 민주적 의사결정 원리에 논리적 근거를 두고 있다. 또한 전문가들이 직접 모이지 않고 주로 우편이나 e-mail 을 통한 통신수단으로 의견을 수렴하여 돌출된 의견을 내놓는다는 것이 주된 특징임

프로젝트 관리 內 델파이 기법 활용
　– 범위관리 – 요구사항 수집 프로세스의 도구 및 기법인 집단 창의력 기법에서 활용됨
　– 리스크 관리 – 리스크 식별 프로세스의 도구 및 기법인 정보수집 기법에서 활용됨

요구사항 수집 도구 및 기법	리스크 식별 도구 및 기법
1. 인터뷰 2. 핵심 그룹 3. 심층 워크숍 4. 집단 창의력 기법 　– 브레인스토밍 　– 명목 그룹 기법 　– 델파이 기법 　– 아이디어/마인드 매핑 　– 친화도 5. 집단 의사결정 기법 6. 설문지 및 설문조사 7. 관찰 8. 프로토타입	1. 문서 검토 2. 정보 수집 기법 　– 브레인스토밍 　– 델파이 기법 　– 인터뷰 　– 근본 원인 식별 3. 점검목록 분석 4. 가정사항 분석 6. 도식화 기법 6. SWOT 분석 7. 전문가 판단

● 관련지식 ●●

• 리스크 관리 – 리스크 식별 프로세스
　– 프로젝트에 영향을 미칠 수 있는 리스크를 결정하고, 리스크별 특성을 문서화하는 프로세스

- 프로젝트가 진행됨에 따라 생애 주기 전반에서 새로운 리스크가 발생되거나 확인될 수 있기 때문에 리스크 식별은 반복적인 프로세스

1) 도구 및 기법

1-1) 문서 검토

1-2) 정보 수집 기법

도구 및 기법	설명
브레인스토밍	- 종합적인 프로젝트 리스크 목록을 작성하는 것 - 프로젝트팀 및 일반적으로 팀에 포함되지 않은 다양한 분야의 전문가와 함께 브레인스토밍을 수행한다. - 진행자의 안내에 따라 프로젝트 리스크에 대한 아이디어를 얻을 수 있다. - 브레인스토밍을 수행하고 나면 리스크를 식별하여 유형에 따라 분류하고 명확하게 정의할 수 있게 된다.
델파이기법	- 전문가 의견의 합의점을 찾아내는 방법이다. - 프로젝트 리스크 전문가는 이 기법에 익명으로 참여한다. - 진행자는 설문을 이용하여 중요 프로젝트 리스크에 대한 아이디어를 얻는다. 설문에 대한 응답을 요약한 후 전문가들에게 다시 회람하여 추가적인 견해를 구한다. 이 프로세스를 몇 번 거치고 나면 합의점에 도달할 수 있다. - 델파이 기법을 사용하면 자료 편중 현상을 줄이고 결과에 대한 특정 개인의 과도한 영향력을 막을 수 있다.
인터뷰	- 경험이 있는 프로젝트 참여자, 이해관계자 및 해당 분야의 전문가와의 인터뷰를 통해 리스크를 식별할 수 있다. - 인터뷰는 리스크 식별 자료 수집에 있어서 주요 출처 중 하나이다
근본 원인 식별	- 프로젝트 리스크의 근본 원인을 조사하는 방법이다. - 이 기법을 사용하면 리스크를 보다 명확하게 정의할 수 있고 원인별로 분류할 수 있다. 리스크의 근본 원인이 밝혀지면 효과적인 리스크 대응책을 개발할 수 있다

1-3) 점검목록 분석

1-4) 가정사항 분석

1-5) 도식화 기법

1-6) SWOT 분석

1-7) 전문가 판단

컴포넌트 기반 시스템 개발을 위해 마르미Ⅲ 방법론을 적용하기로 하였다. 그런데 프로젝트의 위험을 식별한 결과, 프로젝트 참여자들이 마르미Ⅲ에 대한 지식과 경험이 없다는 것이 문제가 되었다. 이때 위험을 완화하기 위한 계획에 해당하는 것은?

① 마르미에 경험이 있는 외부 전문가에게 방법론 Ⅲ 적용 방안을 모색하도록 위임한다.
② 프로젝트 참여자들에게 마르미Ⅲ를 교육한다.
③ 개발 방법론을 변경한다.
④ 시간을 지체할 수 없으므로 프로젝트 관리자의 주도로 프로젝트를 진행시킨다.

● **해설 :** ②번

프로젝트 참여자에게 교육을 통해 리스크의 확률/영향력을 허용한계선까지 낮춤 → 완화
① 외부 전문가에게 위임 → 전가
③ 개발 방법론 변경 → 회피
④ 프로젝트 진행 → 수용

● **관련지식** ●●

- **리스크 관리 – 리스크 대응 계획수립 프로세스**
  - 프로젝트 목표에 대한 기회는 증대시키고 위협은 줄이기 위한 대안과 조치를 개발하는 프로세스
  - 각 리스크 대응책에 대해 책임을 지는 한 사람을 선정하는 작업 포함
  - 우선순위에 따라 리스크를 처리하며, 필요하면 예산, 일정 및 프로젝트 관리 계획서에 자원 및 활동을 추가함

1) 도구 및 기법

1-1) 부정적 리스크 또는 위협에 대한 전략

대응전략	설명
회피(Avoid)	– 위협을 제거하기 위해 프로젝트 관리 계획서를 변경하는 조치를 포함함 – 프로젝트 관리자는 목표를 리스크의 영향권에서 고립시키거나 위태로운 목표를 변경할 수도 있음 – Ex) 일정 연장, 전략 변경, 범위 축소, 프로젝트 중단 – 프로젝트 조기에 발생하는 일부 리스크는 요구사항의 명확한 규정, 정보의 입수, 의사소통 개선 또는 전문가 확보를 통해 회피 가능함

대응전략	설명
전가(Transfer)	– 위협의 부정적인 영향과 리스크 대응의 책임을 제 3 자에게 전가 – 리스크관리에 대한 책임을 단순히 제 3 자에게 양도할 뿐이며 리스크 자체가 사라지는 것은 아니다. – 리스크 책임의 전가는 재무적 리스크 노출을 처리할 때 가장 효과적 – Ex) 보험, 이행 보증(performance bonds), 각종 보증(warranties and – guarantees) 등에 국한되지 않고 상당히 다양
완화(Mitigate)	– 리스크 사건의 확률 및/또는 영향력을 허용 가능한 한계선까지 낮춤 – 프로젝트에 대해 발생하는 리스크의 확률 및/또는 영향력을 줄이기 위한 조기 조치를 수행하는 것이 리스크가 발생한 후에 손상을 복구하고자 노력하는 것보다 훨씬 효과적 – Ex) 덜 복잡한 프로세스 채택, 보다 많은 시험 수행, 보다 안정된 공급업체를 선택, 원형(prototype) 개발
수용(Accept)	– 프로젝트로부터 모든 리스크를 제거하기가 거의 불가능하기 때문에 채택되는 전략 – 프로젝트팀에서 리스크를 처리하기 위해 프로젝트관리 계획을 변경하지 않기로 했거나 다른 적절한 대응 전략을 식별할 수 없음을 나타냄 – 위협이나 기회에 모두 사용 가능 – Ex) 위협이나 기회가 발생할 때 프로젝트팀에서 처리 – Ex) 우발사태 예비비 설정

1-2) 긍정적 리스크 또는 기회에 대한 전략

대응전략	설명
활용(Exploit)	– 기회가 실현될 수 있도록 하는 데 필요하다고 생각하는 긍정적인 영향력을 가진 리스크에 대해 선택할 수 있음 – 기회가 확실히 일어날 수 있도록 함으로써, 특정 상위 리스크와 관련된 불확실성을 제거하고자 노력
공유(Share)	– 프로젝트의 이익을 위해 기회를 포착할 수 있는 가장 적절한 제 3 자에게 책임을 위임 – Ex) 협력 관계, 팀, 특수 목적 회사 또는 제휴 관계의 체결
향상(Enhance)	– 확률 및/또는 긍정적 영향을 증가시키고 이러한 긍정적 영향을 미치는 리스크의 주요 요인을 식별하여 최대화함으로써 기회의 "규모"를 변경함
수용	– 기회 수용이란 수반된다면 활용하지만 적극적으로 추구하지는 않음

1-3) 우발사태 대응 전략

1-4) 전문가 판단

다음 중 위험 대응전략에 관한 설명으로 적절한 것은?

① 회피 : 특정 위험요소에 대한 적절한 대응 방법을 식별하는 것이 불가능함을 의미한다.
② 완화 : 이행보증(Performance Bonds), 보험 등을 통하여 위험을 소멸시키는 것이다.
③ 수용 : 위험에 대처하기 위하여 프로젝트의 계획을 변경하는 것이다.
④ 전가 : 위험에 대한 영향과 책임을 제3자에게 이양하는 것이다.

● 해설 : ④번

① 특정 위험요소에 대한 적절한 대응 방법을 식별하는 것이 불가능함을 의미한다. → 수용
② 이행보증(Performance Bonds), 보험 등을 통하여 위험을 소멸시키는 것이다. → 전가
③ 위험에 대처하기 위하여 프로젝트의 계획을 변경하는 것이다. → 회피

보험에 가입하는 것은 어떤 위험 대응 방안인가?

① 완화(Mitigate)   ② 전가(Transfer)
③ 수용(Accept)   ④ 회피(Avoid)

● 해설 : ②번

보험에 가입하는 것은 위험의 부정적인 영향과 리스크 대응의 책임을 제3자에게 전가하는 것으로 리스크 관리에 대한 책임을 단순히 제3자에게 양도할 뿐이며 리스크 자체가 사라지는 것은 아니다.
EX) 보험, 이행보증, 각종 보증

개발 위험요인의 위험 값(Risk Value)을 계산하기 위하여 고려해야 할 요인은? (2개 선택)

① 위험 가능성(Likelihood)　　　　② 위험 평가(Evaluation)
③ 위험 개수(Number)　　　　　　④ 위험 충격(Impact)

● **해설 : ①, ④번**

　　위험의 우선순위 결정 = 발생 가능성 * 영향력
　　 – 발생 가능성(Probability) : 해당 위험요소가 실제로 발생할 가능성
　　 – 영향력(Impact) : 해당 위험요소가 발생하였을 경우 프로젝트에 미치는 부정적인 영향력

● **관련지식** ●

　● **리스크 관리 – 정성적 리스크 분석 프로세스**
　　 – 리스크의 발생 확률과 영향을 평가하여 통합함으로써 추가적이나 조치에 유용하도록 리스크의 우선순위를 지정하는 프로세스로 조직에서 우선순위가 높은 리스크에 주력하여 프로젝트 성과를 향상시키도록 함
　　 – 식별된 리스크의 상대적 확률 또는 발생 가능성, 리스크가 발생할 경우에 프로젝트 목표에 미치는 영향, 대응 시간대와 원가, 일정, 범위 및 품질에 대한 프로젝트 제약과 연관된 조직의 리스크 허용한도 등의 기타 요인을 활용하여 리스크 우선순위를 평가함

　● **위험의 우선순위 결정 = 발생가능성 * 영향력**
　　 – 발생가능성(probability) : 해당 위험요소가 실제로 발생할 가능성
　　 – 영향력(Impact) : 해당 위험요소가 발생하였을 경우 프로젝트에 미치는 부정적인 영향력

　　 – **위험에 대한 발생가능성과 영향력을 분석하는데는 정성적 방법과 정량적 방법에 따라 발생가능성과 영향력을 평가할 수 있음**
　　 – 정성적 방법: 주관적인 평가에 의하여 위험의 가능성과 영향력을 분석하는 것
　　　 ex) 상/중/하, 1-10 척도
　　 – 정량적 방법: 확률분석과 같이 계산을 통하여 위험을 계수화하여 평가하는 것
　　　 ex) US $20,000, 24시간 지연 등

위험분석기법의 하나인 위험노출도(Risk Exposure)에서 정의하는 위험 중 '예상 못한 손실'이 있다. 프로젝트 승인에 6주 이상 걸릴 '예상 못한 손실'이 발생할 확률이 15%일 대 위험노출도를 구하라.

① 0.15주　　　② 0.9주　　　③ 5.1주　　　④ 6.9주

● 해설 : ②번

　　위험노출도 = 발생가능성 * 영향력 = 15% * 6주 = 0.9주

다음 중 리스크 관리 계획에 포함되어야 할 내용을 모두 고르시오.

> 가. 리스크 관리를 위한 방법론
> 나. 리스크 관리에 대한 역할과 책임
> 다. 리스크 관리에 소요되는 예산 산정
> 라. 리스크 범주
> 마. 리스크 발생 확률과 그에 미치는 영향

① 가, 나, 다, 마   ② 가, 나, 라, 마   ③ 가, 나, 다, 라   ④ 가, 나, 다, 라, 마

● 해설 : ④번

리스크 관리 계획서에는 리스크 관리 방법론, 역할과 책임, 예산책정, 시기, 리스크 범주, 확률
과 영향, 보고형식, 추적 등이 기술되어 있다.

● 관련지식 ●●●

• 리스크 관리 – 리스크 관리 계획수립 프로세스
  – 프로젝트에 대한 리스크 관리 활동의 수행방법을 정의하는 프로세스

• 리스크 관리 계획서
  – 프로젝트 리스크 관리의 구조와 수행방법을 기술하며, 프로젝트 관리계획서에 포함됨
    ■ 방법론 : 리스크 관리를 수행하는 데 사용할 수 있는 접근방법, 도구/자료출처 정의
    ■ 역할 및 책임사항 : 각 활동 유형별 리더, 자원 및 리스크 관리 팀원을 정의하고 그들의 책
      임사항을 명시
    ■ 예산 책정 : 리스크 관리에 필요하며 원가 성과 기준선에 포함시킬 자원, 산정치 자금을
      할당하고, 우발사태 예비의 적용 규약을 제정함
    ■ 시기 : 프로젝트 생애 주기에 걸쳐 리스크 관리 프로세스의 수행 시기와 빈도를 정의하고
      일정 우발사태 예비의 적용 규약을 제정하며, 프로젝트 일정에 포함시킬 리스크 관리 활
      동을 설정함
    ■ 리스크 범주 : 리스크를 체계적으로 식별하는 종합적인 프로세스가 될 수 있는 구조를 제
      공함. 간단한 범주 목록 형태 또는 리스크 분류 체계(RBS) 형태
    ■ 리스크의 확률 및 영향 정의 : 리스크의 발생 확률과 영향의 다양한 수준을 정의
    ■ 확률–영향 매트릭스
    ■ 수정된 이해관계자 허용한도
    ■ 보고 형식
    ■ 추적

K12. 인적자원관리

시험출제 요약정리

1) 인적자원 관리
   - 프로젝트팀을 구성하고 관리하는 프로세스
   - 프로젝트팀은 프로젝트를 완료하는 데 있어 해당 역할과 책임을 배정받은 사람들로 구성
   - 프로젝트팀원은 배정된 역할과 책임뿐만 아니라 프로젝트의 기획 및 의사 결정에도 깊이 참여
   - 팀원의 조기 참여는 기획 프로세스에서 전문성을 높이고 프로젝트에 대한 사명 강화를 가져옴

순서	프로세스	설명
1	인적 자원 계획서 개발	직원관리계획서의 작성뿐만 아니라 프로젝트 역할, 책임 및 보고 관계 식별 및 문서화
2	프로젝트 팀 확보	프로젝트 완수에 필요한 인적자원 획득
3	프로젝트 팀 개발	프로젝트 성과를 높이기 위한 팀원들의 능력 및 상호 작용 개선
4	프로젝트 팀 관리	프로젝트 성과를 높이기 위한 팀원 성과 추적, 피드백 제공, 문제 해결 및 변경 조정

2) 갈등관리 - 프로젝트 팀 관리의 도구 및 기법 中
   - 조직의 상호작용에 의한 갈등은 피할 수 없고 이로울 수도 있으며, 담당자와 상사가 동시 참여하여 원인과 해결방안을 모색

   2-1) 갈등의 원인
      - 일정, 프로젝트 우선순위, 자원, 기술적 견해, 관리적 절차, 비용, 개인성향
      - 프로젝트 단계에 따라 갈등을 일으키는 원인들의 순서가 달라지게 됨
      - 계획수립단계에서는 프로젝트 우선순위가 갈등의 가장 큰 원인
      - 구현단계에서는 일정이 가장 큰 갈등의 원인

2-2) 갈등 해결 방안

구분	갈등 해결 방안	설명
한시적 방법	철회/회피 (withdrawing /avoiding)	실제 또는 잠재적 갈등 상황에서 손을 떼는 방법
	원만한 해결/수용 (smoothing /accommodating)	합의된 영역은 강조하고 갈등이 일어나는 영역의 차이는 강조하지 않는 것
갈등 해결 방법	절충 (compromising)	갈등을 겪고 있는 집단을 어느 정조 만족시킬 수 있는 해결방안을 찾는 것
	강요 (forcing)	공개적인 경쟁과 win-lose상황이 일어날 것을 감수하면서도 자신의 견해를 강요하는 것
	직면/문제해결 (confronting /problem solving)	불일치한 사항들을 직접적으로 그리고 문제해결의 형태로 이끌어가는 것, 해결에 대한 양자의 필요성 인식과 함께 어느 정도 시간이 필요하지만 참여하는 사람들이 모두 만족하면서 가장 바람직한 결과를 도출하므로 이상적이고 효과가 지속적인 갈등해결 방안

2-3) 갈등 해결 방안 – 주장과 협력 관점에서

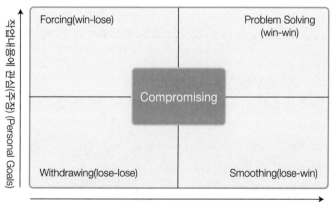

기출문제 풀이

2005년 | 4번

프로젝트관리에서 팀원의 Commitment를 확보하는 것은 매우 중요하다.
이와 같이 목표달성에 대한 자발적인 동의를 얻기 위해 사용하는 방법과 거리가 먼 것은?

① 계획수립에 팀원을 참여시킨다.
② 모두에게 균등한 성과보상체계를 구축한다.
③ 주요 이슈에 대해 그룹 의사결정을 장려한다.
④ 프로젝트 관리자가 스스로 헌신하는 모습을 보인다.

● 해설 : ②번

인정과 보상은 반드시 모범적 행위만을 보상한다.
사람들은 조직에서 가치를 인정 받는다고 느끼고 보상을 통해 확인될 때 자극을 받는다.
따라서 뛰어난 성과를 공개적 인정하는 것은 확실한 동기 부여가 되므로 프로젝트 관리자는 프로젝트 완료 이후보다는 프로젝트 생애 주기 동안 팀의 가능한 모든 성과를 인정해주는 것이 좋다.

● 관련지식 ●●●

1) 인적자원 관리 – 프로젝트팀 개발 프로세스
 – 프로젝트 성과를 향상시키기 위해 팀원들의 역량과 팀원간 협력, 전반적인 팀 분위기를 개선하는 프로세스
 – 팀워크는 프로젝트의 성공에 결정적인 요인이며, 효율적인 프로젝트 팀 개발은 프로젝트 관리자의 주요한 책임사항 중 하나이다.
 – 프로젝트 관리자를 팀워크를 조장하는 환경을 조성해야 한다.
   ■ 도전적인 과제와 기회를 제공
   ■ 필요에 따라 적절한 피드백과 지원을 제공
   ■ 뛰어난 성과를 인정 및 보상하여 팀에 지속적으로 동기를 부여
   ■ 개방적이며 효과적인 의사소통
   ■ 팀원간 신뢰 구축
   ■ 설적인 방법으로 갈등을 관리
   ■ 상호협력하여 문제해결하고 의사결정을 내림

1-1) 투입물, 도구 및 기법, 산출물

투 입 물	도구 및 기법	산 출 물
1. 프로젝트 팀원 배정 2. 프로젝트 관리 계획서 3. 자원 역일표	1. 대인 기술 2. 교육 3. 팀 구축 활동 4. 기본 규칙 5. 동일장소 배치 6. 인정/보상	1. 팀 성과 평가치 2. 기업 환경 요인 갱신

1-2) 팀 구축 활동

1-3) 동일장소배치 (Co-location) - 한 팀으로서의 수행 능력을 높이기 위하여 한 공간에 배치

1-4) 인정/보상

- 모범적 행동을 표창 및 보상하는 제도를 마련
- 승자와 패자가 있는 윈-루즈(Win-Lose) 또는 제로섬(zero sum) 보상은 팀 결속력을 저하
- 누구나 달성할 수 있는 윈-윈(Win-Win) 성과 보상은 팀원간 지원을 향상
- 표창과 보상제도에서 문화적 차이를 고려해야 한다.

팀 구축 활동은 프로젝트의 성공에 결정적으로 작용한다. 팀이 거쳐갈 수 있는 5단계 개발 이론의 순서를 올바르게 나열한 것은?

① 스토밍–형성–표준화–수행–해산
② 형성–스토밍–표준화–수행–해산
③ 수행–스토밍–형성–표준화–해산
④ 형성–표준화–스토밍–수행–해산

● 해설 : ②번

집단발달단계는 둘 이상의 어떤 형태의 모임에도 적용할 수 있는 이론이며, 형성/forming → 스토밍/storming → 표준화/Norming → 수행/Performing → 해산/Adjourning의 단계로 진행됨

● 관련지식 ●●

1) 팀 구축 활동 – 프로젝트 팀 개발의 도구 및 기법 中
　– 팀 구축 활동의 목표는 팀원 개개인이 효과적으로 협력하도록 지원하는 것이며, 팀원이 서로 대면하지 않고 원격지에서 작업할 때 특히 가치를 발휘함
　– 효과적인 팀을 구축하려면 프로젝트 관리자가 최고 경영진의 후원을 받고 팀원의 헌신적 참여와 적절한 보상/인정 체계 도입, 팀 정체성 수립, 갈등의 효과적인 관리, 팀원 간에 신뢰와 개발적인 대화 촉진이 필요하며 무엇보다도 훌륭한 팀 리더십을 발휘해야 함
　– 팀 구축은 프로젝트 성공에 결정적인 작용, 프로젝트 초기에 필수적이고 지속적인 프로세스임

2) 집단발달 5단계 모형(표준화 단계)
　– 보통 5단계는 차례로 일어나지만 특정 단계에 머무르거나 이전 단계로 밀리는 상황이 발생하기도 함
　– 특정 단계의 기간은 팀의 역학, 크기, 팀 리더십에 따라 달라짐

	단계	설명
1	형성 (forming)	– 팀이 모여서 프로젝트 자체, 각자의 공식적인 역할, 책임사항을 파악하는 단계 – 팀원들이 독자적이며 개방적이지 않은 경향이 있음
2	스토밍 (storming)	– 팀이 프로젝트 작업, 기술적 의사결정, 프로젝트 관리방식을 다루기 시작 – 팀원들이 다른 사고와 관점에 협조적, 개방적이지 않으면 파괴적인 환경이 조성될 수 있음
3	표준화 (Norming)	– 팀원들이 협력하고 팀을 지원하는 행동과 작업 습관을 조율하기 시작함 – 팀원들이 서로 신뢰하기 시작함
4	수행 (Peforming)	– 잘 구성된 단위로 운영됨 – 팀원들이 상호 의존적이며 원활하고 효과적으로 문제를 해결함
5	해산 (Adjourning)	– 팀이 작업을 완료하고 프로젝트에서 이동함

팀 조직도에 포함되는 내용이 <u>아닌 것은?</u>

① 조직의 계층 구조
② 조직의 담당 업무
③ 의사소통 경로
④ 구성원의 역할과 책임

● 해설 : ③번

의사소통 경로는 멤버들의 개인적 특성을 중심으로 자기들에게 적합하도록 형성됨
같은 조직이라고 하더라도 의사소통 경로가 어떻게 형성되었는지에 따라서 집단 구성원의 행동,
만족도, 분위기뿐 아니라 전달의 신속도, 정확도 등 의사소통의 유효성이 달라진다.

● 관련지식 ●●●

1) 인적자원 관리 – 인적 자원 계획서 개발 프로세스
 – 프로젝트 역할, 책임 사항 및 보고 관계를 결정하고, 직원관리 계획을 수립
 – 프로젝트 역할은 개인 또는 그룹 대상으로 배정될 수 있으며, 개인이나 그룹은 프로젝트 수
   행 조직의 내부인 혹은 외부인에 대한 제한 없이 누구나 될 수 있다.

 1-1) 투입물, 도구 및 기법, 산출물

투 입 물	도구 및 기법	산 출 물
1. 활동 자원 요구사항 2. 기업 환경 요인 3. 조직 프로세스 자산	1. 조직도 및 직무 기술서 2. 네트워킹 3. 조직 이론	1. 인적 자원 계획서 - 역할 및 책임사항 - 프로젝트 조직도 - 직원 관리 계획서

 1-2) 조직도 및 직무 기술서
  – 팀원의 역할과 책임사항을 문서화하는 것으로 다양한 형식으로 사용됨.
  – 일반적으로 계층구조, 매트릭스, 텍스트 중심의 세가지 유형이 사용됨.
   ① 계층 구조 도표
    – 조직분류체계(Organizational breakdown structure, OBS)
    – 직위와 관계를 계층 구조로 보여줌

- 조직의 기존 부서, 사업부 또는 팀에 따라 배열
- 프로젝트 활동 또는 작업 패키지는 각 부서 아래 나열됨

② 매트릭스 기반 도표
- 책임배정매트릭스(Responsibility Assignment Matrix, RAM)
- 수행해야 하는 작업과 프로젝트 팀원 사이의 연결을 보여주는 데 사용
- 규모가 큰 프로젝트에서는 여러 가지 수준으로 책임배정매트릭스를 개발할 수 있음
- 테이블이라고도 하는 매트릭스 형식을 사용하면 한 사람과 연관된 모든 활동을 확인하거나 한 가지 활동에 연관된 모든 사람을 알 수 있음

③ 텍스트 중심 형식
- 자세한 기술이 요구되는 팀원 책임 사항을 텍스트 중심의 형식으로 지정함
- 일반적으로 요약된 형태의 문서를 통해 책임, 권한, 역량, 자격 등에 관한 정보를 제공함

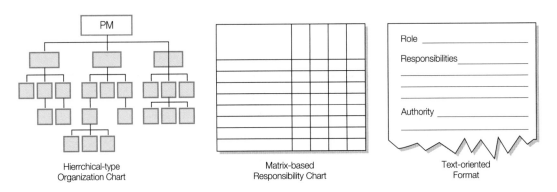

Hierrchical-type
Organization Chart

Matrix-based
Responsibility Chart

Text-oriented
Format

1-3) 인적 자원 계획서
- 프로젝트 관리 계획서의 일부임.
- 프로젝트 인적 자원을 정의, 배정, 관리 및 통제하고, 마지막에 해제하는 방법에 대한 지침을 제공
  ① 역할 및 책임사항 : 프로젝트를 완료하는데 필요한 역할과 책임사항을 나열
  ② 프로젝트 조직도 : 프로젝트 팀원과 그들 간의 보고 관계를 보여주는 도표
  ③ 직원 관리 계획서 : 인적 자원 요구사항의 충족 시기와 방법을 기술하며 적용 영역과 프로젝트 규모에 따라 달라지지만, 직원 확보, 자원 역일표, 직원 해제 계획 등을 고려해야 함.

갈등 해결전략 중 자기 의견 관철 정도와 타그룹에 대한 협조 정도가 동시에 낮은 방법은?

① 절충(Compromising)
② 회피(Avoiding)
③ 조화(Accommodating)
④ 경쟁(Competing)

● 해설 : ②번

갈등관리는 인적자원관리 → 프로젝트팀관리의 도구 및 기법에 속함
갈등 해결전략을 작업내용에 관심과 관계의 관심 관점으로 살펴보았을 때 동시에 낮은 방안은
철회/회피(withdrawing/avoiding) 방안임

● 관련지식 ••

1) 갈등관리
   – 조직의 상호작용에 의한 갈등은 피할 수 없고 이로울 수도 있으며, 담당자와 상사가 동시 참
     여하여 원인과 해결방안을 모색

2) 갈등의 특성
   – 갈등은 자연스러운 것이며, 대안 모색을 촉진한다.
   – 갈등은 팀 이슈이다.
   – 솔직함이 갈등을 해결한다.

3) 갈등관리 프로세스
   – 갈등 해결에서는 개인이 아니라 이슈에 초점을 맞춰야 한다.
   – 갈등 해결에서는 과거가 아니라 현재에 초점을 맞춰야 한다.

4) 갈등 해결 방식에 영향을 미치는 요소
   – 갈등의 상대적 중요성과 강도
   – 갈등 해결에 대한 시간적 압박
   – 갈등과 관련된 이해관계자의 직위
   – 장기적 또는 단기적으로 갈등을 해결하려는 동기 부여

5) 갈등 해결 방안

구분	갈등 해결 방안	설명
한시적 방법	철회/회피 (withdrawing /avoiding)	실제 또는 잠재적 갈등 상황에서 손을 떼는 방법
	원만한 해결/수용 (smoothing /accommodating)	합의된 영역은 강조하고 갈등이 일어나는 영역의 차이는 강조하지 않는 것
갈등 해결 방법	절충 (compromising)	갈등을 겪고 있는 집단을 어느 정조 만족시킬 수 있는 해결방안을 찾는 것
	강요 (forcing)	공개적인 경쟁과 win—lose상황이 일어날 것을 감수하면서도 자신의 견해를 강요하는 것
	직면/문제해결 (confronting /problem solving)	불일치한 사항들을 직접적으로 그리고 문제해결의 형태로 이끌어가는 것. 해결에 대한 양자의 필요성 인식과 함께 어느 정도 시간이 필요하지만 참여하는 사람들이 모두 만족하면서 가장 바람직한 결과를 도출하므로 이상적이고 효과가 지속적인 갈등해결 방안

6) 갈등 해결 방안 – 주장과 협력관점에서

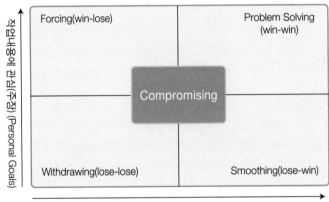

212 감리사 기출풀이

2008년 8번

다음 중 각각의 상황에 따른 갈등해결 전략이 올바르게 짝지어진 것은?(2개 선택)

① 자기의견 관철(Forcing) – 매우 중요한 통합된 의견을 도출할 때
② 상대의견 수용(Smoothing) – 상대로 하여금 실패를 통하여 배우도록 할 때
③ 양쪽의견 절충(Compromising) – 복잡한 문제의 잠정적인 해결책을 도출할 때
④ 회피(Withdrawing) – 나중을 위해서 신용을 얻고자 할 때

● 해설 : ②, ③번

① 매우 중요한 통합된 의견을 도출할 때 → 직면/문제해결(confronting/problem solving)
④ 나중을 위해서 신용을 얻고자 할 때 → 수용(Smoothing)

2008년 11번

프로젝트가 진행됨에 따라 갈등이 나타날 수 있다. 다음 중 프로젝트 시기와 주요 갈등요인이 가장 올바르게 짝지어진 것은?

① 전반기 – 원가,   후반기 – 프로젝트 우선순위
② 전반기 – 기술적 옵션,   후반기 – 일정
③ 전반기 – 프로젝트 우선순위, 후반기 – 일정
④ 전반기 – 일정,   후반기 – 원가

● 해설 : ③번

1) 갈등의 원인
  – 일정, 프로젝트 우선순위, 자원, 기술적 견해, 관리적 절차, 비용, 개인성향

2) 프로젝트 시기별 주요 갈등 원인
  – 프로젝트 단계에 따라 갈등을 일으키는 원인들의 순서가 달라지게 됨
  – 계획수립단계에서는 프로젝트 우선순위가 갈등의 가장 큰 원인
  – 구현단계에서는 일정이 가장 큰 갈등의 원인

해결이 가장 어렵다고 할 수 있는 갈등 유형은?

① 단순한 의견 차이에 의한 갈등
② 장기적 관계를 유지해야 하는 관계에서 파생된 갈등
③ 원칙의 문제가 걸려 있는 갈등
④ 강력한 리더쉽이 존재하는 조직에서의 갈등

● 해설 : ③번

갈등을 일으키는 당사자간의 원칙이 서로 상이한 경우 해결방법을 찾기가 어려움

K13. 의사소통관리

1) 의사소통 관리
   - 프로젝트 정보의 생성, 수집, 배포, 저장, 검색 그리고 최종 처리가 적시에 적절히 수행되도록 하기 위해 필요한 프로세스를 포함함
   - 프로젝트 관리자는 대부분의 시간을 팀원, 조직 내부(조직의 모든 계층) 또는 외부의 기타 프로젝트 이해관계자들과 의사소통하는 데 소요함
   - 효과적인 의사소통은 프로젝트와 관련된 다양한 이해관계자들 사이에 연계를 형성하고, 다양한 문화적, 조직적 배경, 여러 수준의 전문성, 프로젝트 실행 또는 결과물에 대한 다양한 관점 및 이해사항들을 연결할 수 있음

순서	프로세스	설명
1	이해관계자 식별	프로젝트의 영향을 받는 모든 사람 혹은 조직을 식별하여 각각의 이해사항, 관여도, 프로젝트의 성공에 미치는 영향력에 관한 정보를 문서화하는 프로세스
2	의사소통 계획수립	프로젝트 이해관계자의 정보 요구사항을 식별하고 의사소통 방식을 정의하는 프로세스
3	정보 배포	프로젝트 이해관계자에게 계획된 대로 관련 정보를 제공하는 프로세스
4	이해관계자 기대사항 관리	이해관계자들과 의사소통 및 협력을 통해 이해관계자의 요구사항을 충족시키고 발생하는 이슈를 처리하는 프로세스
5	성과 보고	현황 보고서, 진척 측정치, 예측치 등의 성과 정보를 수집하고 배포하는 프로세스

2) 브룩스의 법칙(Brook's Law)
   - "지연되는 프로젝트에 인력을 더 투입하면 오히려 더 늦어진다."
   - 개발자를 추가하면 할수록 그들 사이에 미팅, 인터페이스 합의, 이메일 송수신 등과 같은 커뮤니케이션 비용이 월등히 증가하며, 커뮤니케이션 오류로 일이 잘못 진행되는 경우도 빈번히 생기며 그럴 때마다 원상태로 수정하는 추가 작업들이 발생함
   - 이런 요인으로 추가 인력이 투입될수록 프로젝트가 지연되는 현상을 겪게 됨

3) 의사소통 라인 수 = N (N − 1) / 2
   - N명의 사람이 의사소통을 한다고 가정할 때, $N * (N-1) / 2$ 의 공식이 성립한다.

화폐 가치의 불안정, 정치적 불안, 국가간 및 지방정부간의 경쟁, 특정의 이익 집단 등의 요소들이 국제 프로젝트에 관한 프로젝트 관리에 영향을 준다.
국제 프로젝트의 PM은 문화적으로 해결해야 할 국가간의 다른 주요 요소가 무엇인지를 인식하여야 하는데, 다음 중 특히 염두에 두어야 하는 요소는?

① 수행보고시스템의 확립
② 의사소통 관리 시스템의 개발
③ 공식적이고 문서화된 프로젝트 보고를 위한 번역 서비스
④ 계획된 의사소통간의 정보요구에 대한 응답을 피하기 위한 정보 분배 일정계획의 수립
　　및 실행

● 해설 : ②번

　　다국적 프로젝트를 수행하는 경우 프로젝트 관리자는 특히 효과적으로 의사소통하기 위한 방안마련에 힘써야 하며, 인적 자원 관리 측면에서 문화적 차이를 고려하여 한다.

● 관련지식 ●

• 의사소통 관리
　– 프로젝트 정보의 생성, 수집, 배포, 저장, 검색 그리고 최종 처리가 적시에 적절히 수행되도록 하기 위해 필요한 프로세스를 포함함
　– 프로젝트 관리자는 대부분의 시간을 팀원, 조직 내부(조직의 모든 계층) 또는 외부의 기타 프로젝트 이해관계자들과 의사소통하는 데 소요함
　– 효과적인 의사소통은 프로젝트와 관련된 다양한 이해관계자들 사이에 연계를 형성하고, 다양한 문화적, 조직적 배경, 여러 수준의 전문성, 프로젝트 실행 또는 결과물에 대한 다양한 관점 및 이해사항들을 연결할 수 있음

순서	프로세스	설명
1	이해관계자 식별	프로젝트의 영향을 받는 모든 사람 혹은 조직을 식별하여 각각의 이해사항, 관여도, 프로젝트의 성공에 미치는 영향력에 관한 정보를 문서화하는 프로세스
2	의사소통 계획수립	프로젝트 이해관계자의 정보 요구사항을 식별하고 의사소통 방식을 정의하는 프로세스
3	정보 배포	프로젝트 이해관계자에게 계획된 대로 관련 정보를 제공하는 프로세스

순서	프로세스	설명
4	이해관계자 기대사항 관리	이해관계자들과 의사소통 및 협력을 통해 이해관계자의 요구사항을 충족시키고 발생하는 이슈를 처리하는 프로세스
5	성과 보고	현황 보고서, 진척 측정치, 예측치 등의 성과 정보를 수집하고 배포하는 프로세스

2005년 18번

다음 중 팀의 원활한 의사소통을 위해 프로젝트 관리자가 취한 행동 중 적절하지 않은 것은?

① 자유로운 의사소통 분위기를 조성하기 위해 되도록 팀원끼리 대화를 통해 문제를 해결하 도록 하였다.
② 객체지향 시스템을 설계하기 위해 UML을 이용하여 모델을 작성하도록 규정하였다.
③ 팀의 기본 규칙으로 회의를 통해 문제를 해결하고 회의에 반드시 참여할 것을 규정하 였다.
④ 팀 구성원 모두가 공통의 어휘와 개념을 숙지하도록 HTML 용어집을 작성 하여 누구나 열람할 수 있게 하였다.

● 해설 : ①번

팀의 기본 규칙은 프로젝트 팀원들이 수용할 수 있는 행동과 관련하여 명확한 기대사항을 설정 한다. 초기부터 명확한 지침을 준수함으로써 오해를 줄이고 생산성을 높일 수 있다.
원활한 의사소통을 위해 프로젝트 관리자는 다양한 계층과 다양한 방법으로 의사소통이 이루어 지도록 해야 함

"홍길동"씨는 진행 중인 프로젝트의 새로운 관리자로 임명되었다. 정기적으로 프로젝트 현황회의를 개최하고, 또한 각종 현황 보고서를 작성하여 배포하려 한다. 이러한 활동을 수행하기 위해서는 어떤 문서를 참고하여야 하는가?

① 성과 보고 절차서　　　② 기록 관리 시스템
③ 의사소통관리 계획　　　④ 프로젝트 charter

● 해설 : ③번

의사소통 계획서에는 의사소통 항목이 식별되어 있으며, 항목별 형태, 주기, 방법, 참석자 등이 정의되어 정보가 적시에 적절히 제공하도록 함
Ex) 의사소통 관리 계획서

의사소통 방법	의사소통 내용	시기/장소	참석자	비고
일일회의	주요 안건	매일 오전 10시/ 프로젝트 회의실	고객 추진팀 PM 및 그룹장	
주간회의	주간실적/ 계획 보고	매주 목요일 오전 10시/ 프로젝트 회의실	고객 추진팀 PM 및 그룹장	

● 관련지식 ●●

- 의사소통 관리 – 의사소통 계획 수립 프로세스
  - 프로젝트 관리 계획서에 포함되거나 별도의 보조 계획서로 존재함
  - 이해관계자들의 정보 및 의사소통 필요를 식별한다
  - 이해관계자의 정보 필요성을 식별하고, 필요성에 부합하는 적합한 방법을 결정하는 것이 프로젝트 성공의 중요한 요소임

- 의사소통 관리 계획서
  - 프로젝트 관리 계획서에 포함되거나 별도의 보조 계획서로 존재함
  - 이해관계자 의사소통 요구사항
  - 언어, 형상, 내용, 상세 수준을 포함하여 전달할 정보
  - 정보의 배포 사유
  - 필요한 정보의 배포 시간대 및 주기
  - 정보 전달을 책임지는 담당자
  - 기밀 정보 공개의 승인을 담당하는 책임자
  - 정보를 수신할 개인 또는 그룹
  - 하부 직급에서는 해결할 수 없는 이슈의 상부 보고에 관한 시간대 및 관리진을 식별할 수 있는 상부 보고 프로세스

늘어지고 있는 소프트웨어 개발 프로젝트에 더 많은 인원을 투입하면 일반적으로 프로젝트가 더 지체되는 경향의 주된 원인은?

① 일정 마감 일에 대한 중압감 때문에
② 기존 인원과 신규 투입 인원의 갈등 때문에
③ 원래 프로젝트의 구현 가능성이 희박하기 때문에
④ 투입된 인원의 업무에 대한 커뮤니케이션이 필요하기 때문에

● 해설 : ④번

개발자를 추가할수록 의사소통 비용이 증가하며 의사소통 오류로 인한 재작업 등으로 프로젝트가 더 지연되는 현상을 겪게 됨 → 브룩스의 법칙

● 관련지식 ••

• 브룩스의 법칙(Brook's Law)
  – "지연되는 프로젝트에 인력을 더 투입하면 오히려 더 늦어진다."
  – "1 개발자 * 12 개월 == 12 개발자 * 1 개월" 이 아니다
  – 개발자를 추가하면 할수록 그들 사이에 미팅, 인터페이스 합의, 이메일 송수신 등과 같은 커뮤니케이션 비용이 월등히 증가하며, 커뮤니케이션 오류로 일이 잘못 진행되는 경우도 빈번히 생기며 그럴 때마다 원상태로 수정하는 추가 작업들이 발생함
  – 이런 요인으로 추가 인력이 투입될수록 프로젝트가 지연되는 현상을 겪게 됨
  – 전문적으로 말하면, 개발자가 N명이라면 N만큼 개발자가 일하는 양이 늘어나지만 N의 제곱만큼 프로젝트가 복잡해지기 때문에 결국 시간 내에 일을 끝낼 수 없다
  – 따라서 지연되는 프로젝트를 원래 스케줄대로 진행하려면 인력을 더 추가하는 것이 아니라 "개발하기로 약속했지만 아직 완성되지 못한 기능"을 없애는 것이 합리적인 방법이며 프로젝트의 범위(scope)를 조절함으로써 스케줄을 제어해야 한다고 주장함

2005년 | 9번

프로젝트에서 현재 5명인 팀원이 10명으로 증가하는 경우 증가되는 의사소통 라인 수는 몇 개인가?

① 30 개   ②35개   ③40개   ④45개

● 해설 : ②번

현재 의사소통 라인 수 = 5 * (5 - 1) / 2 = 10개
향후 의사소통 라인 수 = 10 * (10 - 1) / 2 = 45개
증가되는 의사소통 라인 수 = 45 - 10 = 35개

● 관련지식 ●

• 의사소통 라인 수 = N (N - 1) / 2
  – N명의 사람이 의사소통을 한다고 가정할 때, 나를 제
    외한 모든 사람과 의사소통 라인수가 만들어 질 수
    있으므로 최대 N * (N-1)개의 의사소통 라인이 만들
    어 진다.
  – 중복된 라인을 제거하면 N명의 의사소통 라인 수는
    N * (N-1) /2 의 공식이 성립한다.

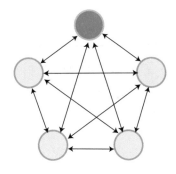

2006년 | 21번

회사의 관광길라잡이 홈페이지 구축 프로젝트는 A 초기에3명이 투입되어 작업을 하였으나, 중간 감리결과, 사업관리 및 품질보증활동 부문에 일정 지연 등으로 "우선개선" 판정을 받아서 3명을 추가 투입하여 6명이 일하기로 했다. 이 경우 초기에 비하여 의사소통라인은 몇 배 증가했는가?

① 2배   ② 3배   ③ 4배   ④ 5배

● 해설 : ④번

초기 의사소통 라인 수 = 3 * (3 - 1) / 2 = 3개
현재 의사소통 라인 수 = 6 * (6 - 1) / 2 = 15개
의사소통 라인 수는 초기 대비 5배 증가됨

의사소통관리의 성과 보고(Performance Reporting) 활동에서 사용하는 도구와 <u>가장 거리가 먼</u> 것은?

① 정보검색시스템
② 편차분석
③ 획득가치분석(Earned Value Analysis)
④ 추세분석

● 해설 : ①번

① 정보검색시스템은 정보배포 프로세스에서 사용하는 도구 및 기법임

성과 보고서는 수집한 정보를 정리 및 요약한 자료, 그리고 성과 측정 기준선과 비교한 분석 결과를 제시하며, 성과 보고서는 의사소통 관리 계획서에 명시된 대로 다양한 이해관계자에게 요구되는 상세 수준으로 현황 및 진행정보를 제공해야 한다. 차이분석, 획득가치 분석 및 예측 데이터가 성과 보고 자료로 포함되기도 한다.

● 관련지식 ●

• **의사소통 관리 – 성과보고 프로세스**
  – 성과보고는 현황 보고서, 진행 측정치, 예측치 등을 포함한 성과 정보를 수집하고 배포하는 프로세스
  – 프로젝트 진행 및 성과를 이해하고 관련 정보를 통지하고 프로젝트 결과를 예측하기 위해 실제 데이터와 비교해 기준선 자료를 주기적으로 수집 및 분석하는 일을 수반함
  – 성과 보고서는 각 대상자에게 적합한 수준으로 정보를 제공해야 함
  – 완전한 보고서는 프로젝트 완료 예측 자료(시간 및 원가 포함)도 포함해야 함

1) 투입물, 도구 및 기법, 산출물

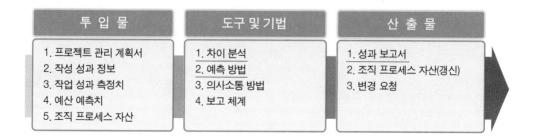

투 입 물	도구 및 기법	산 출 물
1. 프로젝트 관리 계획서	1. 차이 분석	1. 성과 보고서
2. 작성 성과 정보	2. 예측 방법	2. 조직 프로세스 자산(갱신)
3. 작업 성과 측정치	3. 의사소통 방법	3. 변경 요청
4. 예산 예측치	4. 보고 체계	
5. 조직 프로세스 자산		

1-1) 차이 분석

- 기준선과 실제 성과 사이의 차이를 유발하는 원인을 밝히기 위한 추후(After-the-Fact) 검토활동임

① 수집된 정보의 질을 확인하여 정보가 완전하고 과거 데이터와 일관성이 있으며 다른 프로젝트 또는 상태 정보와 비교할 때 신뢰할 수 있는지 여부를 확인

② 실제 정보를 프로젝트 기준선과 비교하고 프로젝트 결과에 긍정적 및 부정적 차이를 모두 명시하면서 차이를 판별한다. 획득가치 기법 활용

③ 프로젝트 원가 및 일정 영역, 프로젝트의 기타 영역(품질 성과 조정 및 범위 변경 등)에서 차이로 인한 영향을 판별한다.

④ 차이의 추세를 분석하여 차이의 원인, 영향을 받는 영역과 관련하여 확인된 사실을 문서화

1-2) 예측방법

- 현재까지 실제 성과를 근거로 향후 프로젝트 성과를 예측하는 프로세스
- 시계열 기법(Time series method)
  - 향후 산출물을 예측하는 기준으로 선례 자료를 사용한다.
  - Ex) 획득가치, 이동평균, 외삽법, 선형 예측, 추세 예측 및 성장 곡선 등
- 인과/계량 경제(Causal/Econometric) 기법
  - 가능한 가정을 토대로 예측하는 변수에 영향을 미칠 수 있는 기본적인 요인을 식별한다.
  - 예를 들면 우산 판매량은 기상 조건과 연관될 수 있다.
  - 원인이 이해되면 영향을 미치는 변수를 예견하여 예측에 활용할 수 있다.
  - Ex) 선형/비선형 회귀를 사용한 회기 분석, 자기회기 이동평균, 계량 경제학 등
- 판단 기법
  - 직관적 판단력, 견해, 확률 예상치를 통합한다.
  - Ex) 복합 예측, 설문조사, 델파이 기법, 시나리오 구축, 기술 예측, 유추에 의한 예측 등
- 기타 기법
  - Ex) 시뮬레이션, 확률적 영향 및 앙상블 예측 등

현재까지의 실제 성과를 근거로 향후 프로젝트 성과를 추측하는 프로세스를 예측이라고 하는데 복합예측, 기술예측 및 유추에 의한 기법 등과 같은 방법들은 예측 방법 중 어느 기법들의 예인가?

① 시계열 기법　　② 인과/계량 경제 기법　　③ 판단 기법　　④ 확률적 예측 기법

● 해설 : ③번

복합예측, 기술예측 및 유추에 의한 기법 등은 주관적인 판단이나 전문가 의견에 기초한 판단 기법임.

● 관련지식 ●●●

1) 예측방법 – 성과 보고의 도구 및 기법 中
  – 현재까지 실제 성과를 근거로 향후 프로젝트 성과를 예측하는 프로세스

  1-1) 시계열 기법(Time series method)
      – 향후 산출물을 예측하는 기준으로 선례 자료를 사용한다.
      – Ex) 획득가치, 이동평균, 외삽법, 선형 예측, 추세 예측 및 성장 곡선 등

  1-2) 인과/계량 경제(Causal/Econometric)기법
      – 가능한 가정을 토대로 예측하는 변수에 영향을 미칠 수 있는 기본적인 요인을 식별한다.
      – 예를 들면 우산 판매량은 기상 조건과 연관될 수 있다.
      – 원인이 이해되면 영향을 미치는 변수를 예견하여 예측에 활용할 수 있다.
      – Ex) 선형/비선형 회귀를 사용한 회기 분석, 자기회기 이동평균, 계량 경제학 등

  1-3) 판단 기법
      – 직관적 판단력, 견해, 확률 예상치를 통합한다.
      – Ex) 복합 예측, 설문조사, 델파이 기법, 시나리오 구축, 기술 예측, 유추에 의한 예측 등

  1-4) 기타 기법
      – Ex) 시뮬레이션, 확률적 영향 및 앙상블 예측 등

2008년 **9번**

프로젝트 팀 내의 공식적인 계통과 수직적인 경로를 통해서 의사전달이 이루어지므로 명령과 권한의 체계가 명확한 공식적인 조직에서 주로 사용 되는 의사소통 네트워크는?

① Y자형 네트워크(Y-Network)　　② 바퀴형 네트워크(Wheel Network)
③ 연쇄형 네트워크(Chain Network)　　④ 원형 네트워크(Circle Network)

● **해설 : ③번**

　쇠사슬형은 공식적인 명령계통에 따라 의사소통이 상위계층에서 하위계층으로만 흐르는 경우이며, 구성원들 간에 엄격한 권한의 계층관계가 존재하며 의사결정의 속도는 **빠르나** 구성원들의 **만족도가 낮은** 의사소통 네트워크임

● **관련지식** •••

1) 의사소통망 형태

구분	개념	그림
쇠사슬형 (직선형)	사례 : 사장→이사→부장→과장에게 지시하고 보고받는 형태 – 공식적인 명령계통에 따라 의사소통이 상위계층에서 하위계층으로만 흐르는 경우이다 – 구성원들 간에 엄격한 권한의 계층관계가 존재하며 의사결정의 속도는 빠르나 구성원들의 만족도가 낮다 – 정보가 계층의 단계를 따라 아래로 전달되는 과정에서 왜곡될 소지를 내포하고 있다.	
원형	사례 : TFT에서 팀원들끼리 긴밀하게 정보를 주고받는 형태 – 권한의 계층관계가 형성되어 있지 않고 중심인물도 없는 상황에서 나타날 수 있는 형태이다 예: 위원회의 의사소통 – 권한이 어느 한 쪽에 집중되어 있지 않아서 문제해결이 느린 편이지만 구성원의 민족도는 일반적으로 높다	
수레바퀴형	사례 : 팀장이 팀원에게 지시를 하고 보고받는 형태 – 구성원들 간에 중심인물이 있어 그에게 모든 정보가 집중되는 형태임 – 정보를 신속하게 획득, 정확하게 문제해결에 대응 가능함 – 단순업무의 경우 의사소통의 속도와 정확성을 기할 수 있으나 복잡한 업무의 경우 효과를 기대하기 어렵고 구성원들의 만족도 낮음	

구분	개념	그림
별형 (상호연결형) (전체경로형)	사례 : 친구모임 같은 비공식 집단에서 회원들끼리 의사소통 형태 - 비공식적 의사소통의 형태이다. - 특정 중심인물이 없고 구성원 개개인이 서로 의사소통을 주도한다. - 상황 파악과 문제해결에 시간이 많이 소요되나 구성원들의 참여로 창의적으로 문제를 해결하고자 할 때 효과적	
Y형	- 1인의 전달자가 2인에게, 혹은 2인의 전달자가 1인에게 의사소통을 하는 경우	

2) 의사소통망 형태별 의사소통의 효율성

- 네트워크의 유형에 따라 문제해결, 집단 구성원의 시기와 만족도에 영향을 준다.

2-1) 문제해결
- 의사소통이 한군데로 집중화된 집단이 단순화된 문제 해결에 효율적
- 널리 퍼져있는 유형의 집단이 복잡한 문제해결에 효율적

2-2) 만족도
- 집단 구성원들이 말할 자유를 많이 가질수록 더 만족하고 있음.
- 상호연결형은 모든 멤버들과 말할 수 있어 자기 수준과 만족도가 가장 높음.
- 사슬의 끝에 있는 사람은 단지 한 사람과 소통할 수 있었기에 만족도가 낮음.

기준	의사소통망			
	쇠사슬형	수레바퀴형	원형	상호연결형
의사소통의 속도	중간	빠름	빠름	빠름
의사소통의 정확도	높음	높음	중간	중간
리더에의 권한집중	보통	높음	낮음	극히 낮음
구성원 만족도	보통	낮음	높음	높음

2005년 25번

컴포넌트 기반 시스템 개발을 계획하면서 재사용 컴포넌트의 획득을 검토할 때 올바른 판단이 아닌 것은?

① 범위정의 프로세스에서 재사용 컴포넌트를 제작할지 혹은 구매할지 결정한다.
② 조직의 능력을 고려하여 제작—구매를 결정한 후 조달 계획을 세운다.
③ 제작—구매는 제작 비용과 구매 비용을 비교하여 적게 드는 것으로 결정한다.
④ 수행조직 내의 전문가 그룹이나 컨설턴트의 판단을 기반으로 제작—구매를 결정한다.

● 해설 : ③번

컴포넌트 기반 시스템 개발을 계획하면서 기업들은 컴포넌트를 나름대로 제작하거나 이미 잘 개발되어진 컴포넌트를 재사용하여 자체 프로젝트에 재활용함으로써 최대의 기능과 신속한 개발로 소프트웨어의 품질과 생산성 향상을 높이고 시스템 유지보수 비용 최소화함
재사용 컴포넌트 획득을 검토할 때는 조직, 기능, 비용 등 다각적으로 고려하여 결정함

● 관련지식 ●●●

• 조달관리
  – 작업 수행에 필요한 제품, 서비스 또는 결과물을 프로젝트 팀 외부로부터 구매하거나 획득하기 위해 필요한 프로세스들을 포함함
  – 권한을 승인받은 프로젝트 팀원이 발행하는 계약서 또는 구매 주문서를 작성하고 관리하기 위해 필요한 계약관리 및 변경 통제 프로세스가 포함됨

순서	프로세스	설명
1	조달 계획수립	– 프로젝트 구매 결정사항을 문서화하고, 조달 방식을 규정하며, 잠재적인 판매자를 식별하는 프로세스 – 프로젝트 조직 외부에서 제품, 서비스 또는 결과를 구매하거나 획득함으로써 최대로 충족될 수 있는 프로젝트 요구와, 프로젝트 실행 중에 프로젝트팀에서 성취할 수 있는 프로젝트 요구를 식별 – 획득 여부, 획득 방법, 획득 대상, 획득량 및 획득 시기를 고려
2	조달 수행	대상 판매자를 모집하고, 판매자를 선정하며, 계약을 체결하는 프로세스
3	조달 관리	조달 관계를 관리하고, 계약의 이행을 감시하며, 필요한 변경 및 수정을 수행하는 프로세스
4	조달 종료	각 프로젝트 조달을 완료하는 프로세스

| 시험출제 요약정리 |

1) 개발 방법론이란?

- 소프트웨어 개발에 관한 계획, 분석, 설계 및 구축에 관련 정형화된 방법과 절차, 도구 등이 공학적인 기법으로 체계적으로 정리하여 표준화한 이론
- 소프트웨어 개발에 관한 방법, 도구, 의사전달, 인터뷰 등을 포함해 실무적 관점에서 하나의 체계로 묶여진 방법론

1-2) 개발 방법론 종류

구분	설명
구조적 방법론	정형화된 분석 절차에 따라 사용자 욕사항을 파악하여 문서화하는 체계적인 분석 이론
정보공학 방법론	기업 정보시스템에 공학적 기법을 적용하여 시스템의 계획, 분석, 설계 및 구축을 하는 데이터 중심의 방법론
객체지향 개발방법론	분석과 설계 및 개발에 있어서 객체지향 기법을 활용하여 시스템을 구축하고자 하는 방법론
CBD	재사용이 가능한 컴포넌트의 개발 또는 상용 컴포넌트들을 조합하여 어플리케이션 개발 생산성과 품질을 높이고 시스템 유지보수 비용을 최소할 수 있는 개발방법론
Product Line	S/W 공학의 전체 관점에서 Domain Specific하게 재사용할 단위인 Core Assets을 미리 개발하고 실제 Product를 개발하는 것은 이미 재사용의 단위로써 만들어진 Core Assets을 이용하여 여러 Products를 만들어내자는 접근 방식
Agile 방법론	절차보다는 사람이 중심이 되어 변화에 유연하고 신속하게 적응하면서 효율적으로 시스템을 개발할 수 있는 방법론

2) 국제표준

- 제품 관점의 표준 : ISO/IEC 9126, ISO/IEC 14598, ISO/IEC 12119, ISO/IEC 25000
- 프로세스 관점의 국제 표준 : ISO 9000-3, ISO/IEC 12207, ISO/IEC 15504(SPICE), CMMI

2-1) ISO/IEC 9126

- 소프트웨어 품질 특성과 척도에 관한 지침
- 소프트웨어 제품에 요구되는 품질을 정량적으로 기술하기 위한 방법
- 고객 관점에서 소프트웨어에 관한 품질 특성과 품질 부특성을 정의
- 품질특성 → 부특성 → 세부 메트릭으로 구성

품질특성	설명	부특성
기능성 (Functionality)	요구사항에 적합한 기능을 발휘	적합성, 정확성, 상호호환성, 유연성, 보안성
신뢰성 (Reliability)	명시된 조건과 기간 동안 일정 수준 이상의 성능 유지	성숙성, 오류허용성, 회복성
사용성 (Usability)	사용자 입장에서 시스템 사용의 편리성	이해성, 운용성, 습득성
효율성 (Efficiency)	개발된 소프트웨어 사용시 조직이나 기업에 미치는 효과	실행효율성, 자원효율성
유지보수성 (Maintainability)	운영시 보완이나 유지의 편리성 정도	해석성, 안전성, 변경용이성, 시험성
이식성 (Portability)	타 시스템 또는 플랫폼에 손쉽게 이식 가능성	적응성, 일치성, 이식작업성, 치환성

기출문제 풀이

사용자나 업무 요구사항의 변화에 대비하여 프로토타이핑 등을 이용하면서 시스템 개발 일정을 단축하며 점진적으로 개발 및 확장하는 방법은?

① 프로세스 중심의 개발 　　　② 객체지향 개발
③ 업무프로세스 재공학(BPR) 　② 고속응용개발(RAD)

● 해설 : ④번

　RAD는 GUI 중심의 개발 툴을 이용해서 반복적으로 최종 시스템을 확장시켜 나감

● 관련지식 ●●●

1) 고속 어플리케이션 개발(RAD: Rapid Application Development)란?
  − 구동 가능한 애플리케이션 프로그램을 신속히 개발할 수 있도록 통합적인 개발 툴들이 제공되는 방법론
    Ex) Boland사의 Delphi, Microsoft사의 Visual Basic 등
  − 개발노력이 크게 요구되는 그래픽 중심의 사용자 인터페이스를 용이하고도 효율적으로 개발할 수 있다는 장점이 존재함
  − 방법론의 단계는 프로토타이핑과 유사하나, GUI 중심의 개발 툴을 이용해서 반복적으로 최종 시스템을 확장시켜 나감

2) 객체지향 개발(OOD: object-oriented development)란?
  − 수행해야 하는 과업보다는 업무 프로세스를 중심으로 프로그램을 설계 및 개발함
  − 프로그램과 데이터를 분리하지 않고, 하나의 객체에 캡슐화시켜 객체 단위로 프로그램을 개발하고 관리함
  − OOD는 웹 프로그램 개발에 이상적임 (예: Java)
  − 동화상, 그래픽, 음성 등 다양한 멀티미디어 데이터를 효율적으로 다룰 수 있음

2006년 4번

컴포넌트기반(Component Based) 방법에 의한 소프트웨어 프로젝트에서 품질측정을 위한 측정지표로 바람직하지 <u>않은</u> 것은?

① 컴포넌트들 간의 응집도(Cohesion)
② 컴포넌트들 간의 결합도(Coupling)
③ 컴포넌트의 기능(Function)에 대한 이해용이성(Understandability)
④ 컴포넌트 변경에 대한 용이성 정도(Adaptability)

● 해설 : ①번

CBD 방법론은 소프트웨어를 느슨한 결합도를 갖는 조립 가능한 컴포넌트 단위로 만들어 재사용성을 높이는 목적을 갖고 있다. 기 개발된 컴포넌트의 재사용에 대한 품질 측정지표로 컴포넌트의 이해용이성(component's understandability), 적응성(adaptability), 이식성(and portability)를 적용할 수 있다.

● 관련지식 ••

1) 컴포넌트 기반의 개발방법론
 – 기 개발된 S/W 컴포넌트를 조립하여 새로운 시스템을 구축하는 방법으로 객체지향의 단점인 재사용을 극대한 한 개념

2) CBD의 특징
 – 유용성 : 동일 Business Logic의 반복 구현 배제 가능, 최소 투자로 최대 효율성 확보
 – 확장성 : 다른 Component에 영향을 주지 않고 새로운 기능 추가 및 배포 가능
 – 유지보수 용이 : Component에 대한 일관된 유지보수와 변화 적용 용이
 – 재사용성: 조직 내 동일 Business Logic의 반복의 최소화 및 중복의 제거 가능

소프트웨어 제품품질에 대한 대표적인 모델인 ISO/IEC 9126에서 정의하고 있는 6가지 품질특성에 속하지 <u>않는</u> 것은?

① 기능성   ② 신뢰성   ③ 재사용성   ④ 유지보수성

● 해설 : ③번

　　ISO/IEC 9126 품질특성 기신사효유이(기능성, 신뢰성, 사용성, 효율성, 유지보수성, 이식성)

● 관련지식 ●●

• ISO9126
  - 소프트웨어 품질 특성과 척도에 관한 지침
  - 소프트웨어 제품에 요구되는 품질을 정량적으로 기술하기 위한 방법
  - 고객 관점에서 소프트웨어에 관한 품질 특성과 품질 부특성을 정의
  - 품질특성 → 부특성 → 세부 메트릭으로 구성

품질특성	설명	부특성
기능성 (Functionality)	요구사항에 적합한 기능을 발휘	적합성, 정확성, 상호호환성, 유연성, 보안성
신뢰성 (Reliability)	명시된 조건과 기간 동안 일정 수준 이상의 성능 유지	성숙성, 오류허용성, 회복성
사용성 (Usability)	사용자 입장에서 시스템 사용의 편리성	이해성, 운용성, 습득성
효율성 (Efficiency)	개발된 소프트웨어 사용시 조직이나 기업에 미치는 효과	실행효율성, 자원효율성
유지보수성 (Maintainability)	운영시 보완이나 유지의 편리성 정도	해석성, 안전성, 변경용이성, 시험성
이식성 (Portability)	타 시스템 또는 플랫폼에 손쉽게 이식 가능성	적응성, 일치성, 이식작업성, 치환성

"ISO/IEC 9126 소프트웨어 품질체계"의 품질특성인 신뢰성(Reliability)의 품질 부특성에 속하지 않는 것은?

① 성숙성(Maturity)　　　　② 결함 허용성(Fault Tolerance)
③ 회복성(Recoverability)　　④ 정확성(Accuracy)

● 해설 : ④번

정확성은 ISO 9126 소프트웨어 품질체계의 품질특성인 기능성의 품질 부특성에 속함

XP(eXtreme Programming)에서 프로젝트의 규모를 파악하고 프로젝트 범위를 추정하기 위해 사용하는 기본 자료는 무엇인가?

① 반복 횟수　　② 작은 배포의 개수　　③ 소스 코드의 크기　　④ 스토리 카드

● 해설 : ④번

XP는 스토리를 바탕으로 개발 계획을 수립한다.
스토리 카드는 2주 동안 구현할 정도의 크기의 시스템 기능 단위이다.

● 관련지식 ●●●

• XP (eXtreme Programming)
  – 반복형 모델의 개발주기를 극단적으로 짧게 함으로서 프로그래머가 설계, 구현, 시험 활동을 전체 SW 개발기간에 걸쳐 조금씩 자주 실시하도록 하는 개발 방법론

1) 특징
  – 짧은 개발주기 반복
  – 개발계획이 프로젝트 진행동안 계속 변화됨

2) 지침
  – 개발계획 수립: 고객과 다양한 스토리카드(story card)를 통한 개발계획 작성
  – 시스템 메타포어(Metaphore): 문장형태로 시스템 아키텍쳐 기술, 공통의 Naming System 개발, 고객과 개발자간 의사소통 언어
  – 1주일40시간
  – 단순설계 : 현재의 비즈니스 가치에 집중, 'refactoring'을 통해 개선
  – 코딩표준
  – Pair-programming : communication의 중요성 강조
  – 공동소유/공동책임 : 시스템에 존재하는 모든 코드는 언제 누구든지 수정 가능함
  – 사용자 파견 : 프로젝트팀에 사용자가 상주하여 고객 위주의 프로그래밍, 품질향상의 필수요소
  – 테스트 : TFD(Test First Development), 테스트 수행 후 검증코드로 작성해 나감
  – 재구성 : 기능 변화 없이 중복제거, 단순화, communication 향상, 유연성 추가를 위해 시스템 재구성
  – 짧은 배포주기
  – 지속적 통합

통계적 품질보증의 방법으로 소프트웨어의 신뢰성을 추정하고자 한다. MTBF(Mean Time Between Failure)를 신뢰성이라고 할 때, 다음 보기에 대한 MTBF는 얼마인가?

ATP(Average Time Process) = 30분
MTTF(Mean Time To Failure) = 60분
MTTR(Mean Time To Recovery) = 3분

① 33분   ② 63분   ③ 87분   ④ 93분

● 해설 : ②번

MTBF = MTTF + MTTR = 60 + 3 = 63분

● 관련지식 ••

• 소프트웨어 신뢰도 측정은 평균 고장 간격(Mean Time Between Failure: MTBF)으로 표시함
• MTBF = MTTF + MTTR
• Availability = MTTF / (MTTF + MTTR)

• 평균 고장 간격(Mean Time Between Failure: MTBF)
  – 수리할 수 있는 설비의 고장에서부터 다음 고장까지의 동작 시간의 평균치
• 평균 고장 수명(Mean Time to Failure: MTTF)
  – 수리하지 않는 부품 등의 사용 시작으로부터 고장 날 때까지의 동작 시간의 평균치
  – 한번 고장 난 후 다음 고장이 날 때까지 평균적으로 얼마나 걸리는지를 나타냄
  – MTTF(Mean Time to Failure)는 고장까지의 평균시간으로 이는 수리 불가능한 경우에 해당되며, 수리가능한 경우에는 MTBF(Mean Time Between Failure)의 평균 고장 간격시간으로 표현됨. 수리 가능과 불가능의 경우를 나누어 표현은 하되 같은 개념으로 사용되므로 주의 필요함
• 평균 수리 시간(Mean Time to Repair : MTTR)
  – 수리 시간의 평균치
  – MTBF와 MTTF와 함께 고장을 분석하고 그 원인을 찾아내며, 신뢰성을 추정하는데 아주 중요하고 많이 활동되어지는 개념으로 MTBF, MTTF는 길수록 MTTR은 짧을수록 우수한 장

개발기간 동안에 생성되는 문서들에 적용되는 문서표준과 <u>가장 거리가 먼 것은?</u>

① 문서 식별표준   ② 문서 구조표준   ③ 문서 교환표준   ④ 문서 갱신표준

● 해설 : ③번

문서 표준에는 문서 식별 표준, 문서 구조 표준, 문서 표현 표준, 문서 수정 표준이 있다.

● 관련지식 •••

1) 문서화 프로세스 표준
– 어떻게 문서가 개발되고, 검증되고, 유지되는 지에 관한 사항

구분	설명
문서 표준	문서의 내용, 구조, 외형에 대한 사항
문서 교환 표준	전자 문서의 이식성에 대한 사항

2) 문서 표준
– 문서 식별 표준 : 문서를 어떻게 식별하는가?
– 문서 구조 표준 : 프로젝트 문서에 대한 표준 구조
– 문서 표현 표준 : 폰트, 스타일, 로고등에 대한 정의
– 문서 수정 표준 : 앞 버전으로부터의 수정을 어떻게 문서에 반영할 것인가를 정의

3) 문서 교환 표준
– 교환 표준은 전자 문서나 우편으로 교환하는 것을 가능하게 한다.
– 문서는 다른 시스템과 컴퓨터에서 생산된다. 표준화 도구가 사용된다고 하더라도, 스타일 종이와 매크로에 대한 방법을 정의하는 것이 필요하다.
– 저장에 대한 필요. 문서편집기 시스템의 수명이 문서화하려고 하는 소프트웨어보다 짧기 때문에 미래에 다시 사용할 수 있도록 기록/보관을 위한 표준이 필요하다.

※ 문서화 프로세스
– ISO/IEC 12207 또는 공공부문 SW사업 발주 · 관리 표준 프로세스 중 지원 수명주기 프로세스에 속함
– 다른 수명주기 프로세스나 활동에 의하여 생산되는 정보를 기록하는 프로세스이다.

- 시스템 혹은 소프트웨어 산출물과 관련한 모든 관련자가 필요로 하는 문서에 대한 계획, 설계, 개발, 생산, 편집, 배포, 유지하는 활동을 포함한다.
- 활동 : 문서화 준비 → 문서화 표준 개발 → 문서 생산 및 배포 → 문서 유지보수

2005년 16번

소프트웨어 측정(Measurement)에 사용하는 척도(Metrics)에 대한 설명으로 <u>틀린</u> 것은?

① Line of Code(LOC)는 프로그래밍 언어에 따라 크기가 가변적이다.
② Function Point는 사용자 입력, 사용자 출력, 사용자 질의, 파일, 외부 인터페이스 개수를 활용한다.
③ Feature Point는 Function Point의 측정항목 외에 데이터베이스 항목을 추가하여 측정한다.
④ Function Point는 프로그래밍 언어에 독립적으로 측정할 수 있다.

● 해설 : ③번

Feature Point는 Function Point와 같은 방식이지만, 5가지 측정항목(내부 논리파일, 외부 연계파일, 외부입력, 외부출력, 외부조회)외에 알고리즘을 추가하여 Input, Output의 개수는 적으나 복잡도가 매우 높은 알고리즘을 사용하는 시스템에 대하여 잘못된 결과를 도출할 확률이 높은 Function Point의 한계를 극복하였음

● 관련지식 ●●

• 소프트웨어 규모 측정방식

구분	LOC (Line of Code)	FP(Function Point)
특징	– 크기 중심 매트릭스 – 소스코드 라인수를 중심으로 측정 – 소스코드 라인수가 클수록 복잡도, 개발기간, 개발비용이 증가함	– 기능 중심 매트릭스 – 프로그램의 기능 수와 복잡도에 따른 점수를 계산 – FP값이 클수록 복잡도, 개발기간, 개발비용도 비례하여 증가함
장점	– 쉽게 측정할 수 있다 – 많은 측정 모델이 LOC를 중요한 입력 값으로 사용함	– 프로그래밍 언어에 독립적
단점	– 프로그래밍 언어에 따라 크기가 가변적이다.	– 계산이 주관적인 자료를 바탕으로 함 – 물리적인 의미가 없음

※ Feature Point
  – Function Point는 일반적인 정보시스템을 다루는 데에는 문제가 없으나, input, output의 개수는 적으나 복잡도가 매우 높은 알고리즘을 사용하기 시스템에 대하여는 잘못된 결과를 도출할 확률이 높다
    ex) real-time systems, operating systems, process control systems 등
  – 이러한 한계를 극복하기 위하여 feature point가 제안됨
  – 기본적으로 function point와 같은 방식이지만, 5가지 측정항목 외에 algorithms을 추가하고 복잡도 값을 평균값(weighting factor)으로 3을 부여하였음
  – 기존의 측정항목에 대한 복잡도 값을 조정하였음

개발자가 사용자와 협력하여 요구사항을 구체화하기 위하여 사용되는 기법 중에 아이디어 축약(Idea Reduction) 기법을 활용할 수 있다. 아이디어 축약의 진행순서는?

① 우선순서 정하기 → 가지치기 → 아이디어 묶기 → 특징정의
② 아이디어 묶기 → 특징정의 → 우선순서 정하기 → 가지치기
③ 우선순서 정하기 → 아이디어 묶기 → 가지치기 → 특징정의
④ 가지치기 → 아이디어 묶기 → 특징정의 → 우선순서 정하기

● 해설 : ④번

아이디어 축약은 Pruning Ideas → Grouping Ideas → Defining Features → Prioritizing Ideas 과정을 통해 이루어짐

● 관련지식 ●●

- 아이디어 축약(Idea Reduction)
  – 브레인스토밍 등을 통해 아이디어 생성이 끝난 후에는 아이디어 축약이 시작된다.

1) Pruning Ideas
  – 더 이상 논의할 가치가 없는 아이디어를 제거함
  – 촉진자는 참석자에게 각 아이디어가 더 논의할 가치가 있는지를 물어보고 유효하지 않은 아이디어를 제거한다.

2) Grouping Ideas
  – 유사한 아이디어를 그룹핑하고, 관련된 아이디어 그룹에 이름을 붙임
    ex) 새로운 기술, 성능이슈, 현재 기능 강화, 사용자 인터페이스 등

3) Defining Features
  – 촉진자는 각 아이디어를 검토하고 아이디어 제공자에게 한 문장 설명을 요청함
  – 이 과정을 통해 아이디어 특징을 상세화하고 참석자들이 해당 아이디어에 대해 공통의 이해를 갖게 된다.

4) Prioritizing Ideas
  – 우선순위를 정한다.
  – 우선순위는 투표와 Critical/Important/Useful 등 분류를 통해 수행될 수 있음

※ 자료출처

- 전자정부법 법률 [제10012호, 2010. 2. 4, 전부개정]
- 전자정부법 시행령 [대통령령 제22151호, 2010. 5. 4, 전부개정]
- 정보시스템 감리기준(행정안전부고시 제2010-30호)
- 정보시스템 감리기준 해설서
- 정보시스템 감리점검 해설서 V2.0
- 소프트웨어 기술성 평가기준(지식경제부고시 제2010-53호)
- 소프트웨어사업 대가의 기준(지식경제부고시 제2010-52호)
- 웹 접근성 향상을 위한 국가표준 기술 가이드라인(2009.3.18)
- 전자정부 웹호환성 준수지침(행정안전부고시 제2009-185호)
- 정보시스템의 구축·운영 기술 지침 (행정안전부고시 제2009-62호)
- 국가를 당사자로 하는 계약에 관한 법률
- 분리발주 대상 소프트웨어 (지식경제부고시 제2009-120호)
- 소프트웨어(SW) 분리발주 가이드라인
- 공공부문 SW사업 발주·관리 표준 프로세스(TTAS.KO-09.0038)
- 한국형 웹 콘텐츠 접근성 지침 2.0(TTAS.OT-10.0003)
- 조직행동론, Stephen P. Robinson, Timothy A. Judge 저, 박노윤외 2명 역, 시그마프레스
- PMBOK 제3판, 제4판

이 책은 무단 복사, 복제, 전재하는 것은 저작권법에 저촉됩니다.

감리 및 사업관리

감리사 기출풀이

1판 1쇄 인쇄 · 2011년 3월 30일
1판 1쇄 발행 · 2011년 4월 15일

지 은 이 · 이춘식, 양회석, 최석원, 김은정
발 행 인 · 박우건
발 행 처 · 한국생산성본부
　　　　　서울시 종로구 사직로 57-1(적선동 122-1) 생산성빌딩
등록일자 · 1994. 9. 7
전　　화 · 02)738-2036(편집부)
　　　　　02)738-4900(마케팅부)
F A X · 02)738-4902
홈페이지 · www.kpc-media.co.kr
E-mail · kskim@kpc.or.kr
I S B N · 978-89-8258-620-0 03560

※ 잘못된 책은 서점에서 즉시 교환하여 드립니다.